MOS
國際認證應考指南
Microsoft Word Associate
Exam MO-100

MO-100 : Microsoft Word (Word and Word 2019)

序

　　2019 年的夏天，我在紐約參加 Microsoft Office Specialist World Championship，在 Word 組獲得了世界冠軍的殊榮，在比完賽回國後，最常被身邊的人問的一句話就是「Word 也有比賽喔？要比什麼啊？」。Word 是大眾認知中最基礎、最普遍的文書處理軟體，學生做作業、寫論文，上班族寫報告、撰寫各種文件，不管什麼身份的人或多或少都會有文書處理的需求。大多數的人只會使用到 Word 中「常用」及「插入」索引標籤裡的按鈕，但還有很多方便的功能等著被運用！如果對於原本有在使用的功能，能夠更加紮實的理解其使用方式或延伸的其他功能；如果對其他仍沒有使用過，但非常實用的功能可以有更多的認識與瞭解，那麼，在進行文書處理的時候一定會有事半功倍，省時又省力的進步。

　　MOS 認證考試多年以來都是微軟原廠的世界認證，同類型考試中的首選，考試的題型、題目其每一個版本都不斷的進行修正及更新，測驗的技能更貼合大家可能會遇到的狀況，讓每個受試者不是單單依靠死背硬記考取一張證照，而是能夠真正檢視、體驗、活用這些應該具備的技能。

　　Associate 的題型及考題難易度相對起 Expert 比較基礎，按照本書的範例一題一題穩紮穩打的實作，考到證照一定不困難，甚至 1000 分滿分也不是問題！在 2020、2021 年這個不平靜的年份，嚴峻的疫情對很多人的生活都有不少影響及改變，社交活動的減少，卻擁有更多與自己相處的時間，不論是在家上課還是在家上班，持續的學習或充實自己都是很棒的選擇，希望這本書，可以幫助你輕鬆的學習到 Word Associate 考科的解題技巧，成功考到證照！

王莉婷

2021 春夏

01

Microsoft Office Specialist 國際認證簡介

02

細說 MOS 測驗操作介面

03

模擬試題 I

04

模擬試題 II

05

模擬試題 III

Chapter

01

Microsoft Office Specialist
國際認證簡介

Microsoft Office 系列應用程式是全球最為普級的商務應用軟體,不論是 Word、Excel 還是 PowerPoint 都是家喻戶曉的軟體工具,也幾乎是學校、職場必備的軟體操作技能。即便坊間關於 Office 軟體認證種類繁多,但是,Microsoft Office Specialist (MOS) 認證才是 Microsoft 原廠唯一且向國人推薦的 Office 國際專業認證。取得 MOS 認證除了表示具備 Office 應用程式因應工作所需的能力外,也具有重要的區隔性,可以證明個人對於 Microsoft Office 具有充分的專業知識以及實踐能力。

1-1 關於 Microsoft Office Specialist (MOS) 認證

Microsoft Office Specialist(微軟 Office 應用程式專家認證考試)，簡稱 MOS，是 Microsoft 公司原廠唯一的 Office 應用程式專業認證，是全球認可的電腦商業應用程式技能標準。透過此認證可以證明電腦使用者的電腦專業能力，並於工作環境中受到肯定。即使是國際性的專業認證、英文證書，但是在試題上可以自由選擇語系，因此，在國內的 MOS 認證考試亦提供有正體中文化試題，只要通過 Microsoft 的認證考試，即頒發全球通用的國際性證書，取電腦專業能力的認證，以證明您個人在 Microsoft Office 應用程式領域具備充分且專業的知識與能力。

取得 Microsoft Office 國際性專業能力認證，除了肯定您在使用 Microsoft Office 各項應用軟體的專業能力外，亦可提昇您個人的競爭力、生產力與工作效率。在工作職場上更能獲得更多的工作機會、更好的升遷契機、更高的信任度與工作滿意度。

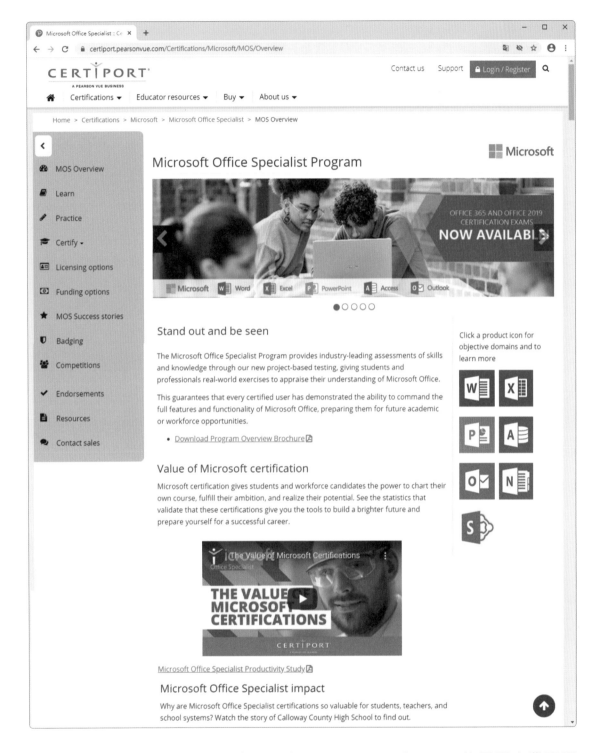

Certiport 是為全球最大考證中心，也是 Microsoft 唯一認可的國際專業認證單位，參加 MOS 的認證考試必須先到網站進行註冊。

1-2　MOS 最新認證計劃

MOS 是透過以專案為基礎的全新測驗，提供了在各行業、各領域中所需的 Office 技能和知識評估。在測驗中包括了多個小型專案與任務，而這些任務都模擬了職場上或工作領域中 Office 應用程式的實務應用。經由這些考試評量，讓學生和職場的專業人士們，以情境式的解決問題進行測試，藉此驗證考生們對 Microsoft Office 應用程式的功能理解與運用技能。通過考試也證明了考生具備了相當程度的操作能力，並在現今的學術和專業環境中為考生提供了更多的競爭優勢。

眾所周知 Microsoft Office 家族系列的應用程式眾多，最廣為人知且普遍應用於各職場環境領域的軟體，不外乎是 Word、Excel、Power Point、Outlook 及 Access 等應用程式。而這些應用程式也正是 MOS 認證考試的科目。但基於軟體應用層面與功能複雜度，而區分為 Associate 以及 Expert 兩種程度的認證等級。

Associate 等級的認證考科

Associate 如同昔日 MOS 測驗的 Core 等級，評量的是應用程式的核心使用技能，可以協助主管、長官所交辦的文件處理能力、簡報製作能力、試算圖表能力，以及訊息溝通能力。

W Word **Associate**	Exam MO-100 將想法轉化為專業文件檔案
X Excel **Associate**	Exam MO-200 透過功能強大的分析工具揭示趨勢並獲得見解
P PowerPoint **Associate**	Exam MO-300 強化與觀眾溝通和交流的能力
O Outlook **Associate**	Exam MO-400 使用電子郵件和日曆工具促進溝通與聯繫的流程

只要考生通過每一科考試測驗，便可以取得該考科認證的證書。例如：通過 Word Associate 考科，便可以取得 Word Associate 認證；若是通過 Excel Associate 考科，便可以取得 Excel Associate 認證；通過 Power Point Associate 考科，就可以取得 Power Point Associate 認證；通過 Outlook Associate 考科，就可以取得 Outlook Associate 認證。這些單一科目的認證，可以證明考生在該應用程式領域裡的實務應用能力。

若是考生獲得上述四項 Associate 等級中的任何三項考試科目認證，便可以成為 Microsoft Office Specialist- 助理資格，並自動取得 Microsoft Office Specialist - Associate 認證的證書。

Microsoft Office Specialist - Associate 證書

Expert 等級的認證考科

此外，在更進階且專業，難度也較高的評量上，Word 應用程式與 Excel 應用程式，都有相對的 Expert 等級考科，例如 Word Expert 與 Excel Expert。如果通過 Word Expert 考科可以取得 Word Expert 證照；若是通過 Excel Expert 考科可以取得 Excel Expert 證照。而隸屬於資料庫系統應用程式的 Microsoft Access 也是屬於 Expert 等級的難度，因此，若是通過 Access Expert 考科亦可以取得 Access Expert 證照。

W Word **Expert**	Exam MO-101 培養您的 Word 技能，並更深入文件製作與協同作業的功能
X Excel **Expert**	Exam MO-201 透過 Excel 全功能的實務應用來擴展 Excel 的應用能力
A Access **Expert**	Exam MO-500 追蹤和報告資產與資訊

若是考生獲得上述三項 Expert 等級中的任何兩項考試科目認證，便可以成為 Microsoft Office Specialist- 專家資格，並自動取得 Microsoft Office Specialist - Expert 認證的證書。

Microsoft Office Specialist - Expert 證書

1-3　證照考試流程

1. 考前準備：

參考認證檢定參考書籍，考前衝刺～

2. 註冊：

首次參加考試，必須登入 Certiport 網站 (http://www.certiport.com) 進行註冊。註冊前請先準備好英文姓名資訊，應與護照上的中英文姓名相符，若尚未有擁有護照或不知英文姓名拼字，可登入外交部網站查詢。註冊姓名則為證書顯示姓名，請先確認證書是否需同時顯示中、英文再行註冊。

3. 選擇考試中心付費參加考試。

4. 即測即評，可立即知悉分數與是否通過。

認證考試登入程序與畫面說明

MOS 認證考試使用的是 Compass 系統，考生必須先到 Certiport 網站申請
帳號，在進入此 Compass 系統後便是透過 Certiport 帳號登入進行考試：

進入首頁後點按右上方的〔啟動測驗〕按鈕。

在歡迎參加測驗的頁面中，將詢問您今天是否有攜帶測驗組別 ID(Exam Group ID)，若有可將原本位於〔否〕的拉桿拖曳至〔是〕，然後，在輸入考試群組的文字方塊裡，輸入您所參與的考試群組編號，再點按右下角的〔下一步〕按鈕。

進入考試的頁面後，點選您所要參與的測驗科目。例如：Microsoft Excel(Excel and Excel 2019)。

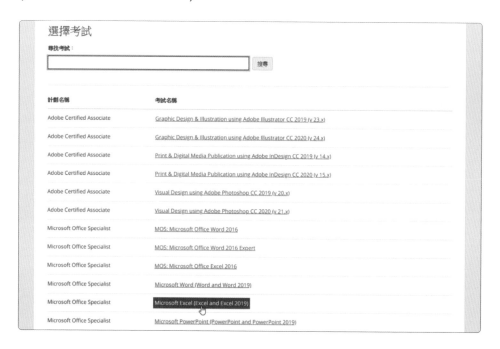

進入保密協議畫面，閱讀後在保密合約頁面點選下方的〔是，我接受〕選項，然後點按右下角的〔下一步〕按鈕。

由考場人員協助，在確認考生與考試資訊後，請監考老師輸入監評人員密碼及帳號，然後點按右下角的〔解除鎖定考試〕按鈕。

系統便開始自動進行軟硬體檢查及試設定，稍候一會通過檢查並完全無誤後
點按右下角的〔下一步〕按鈕即可開始考試。

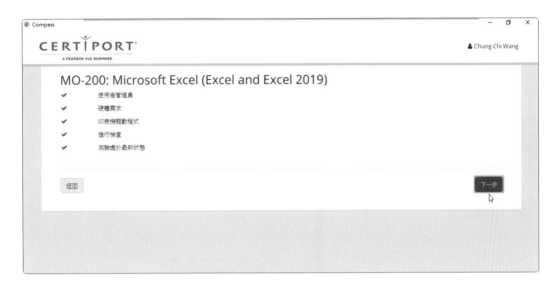

考試介面說明

考試前會有認證測驗的教學課程說明畫面，詳細介紹了考試的介面與操作提示，在檢視這個頁面訊息時，還沒開始進行考試，所以也尚未開始計時，看完後點按右下角的〔下一頁〕按鈕。

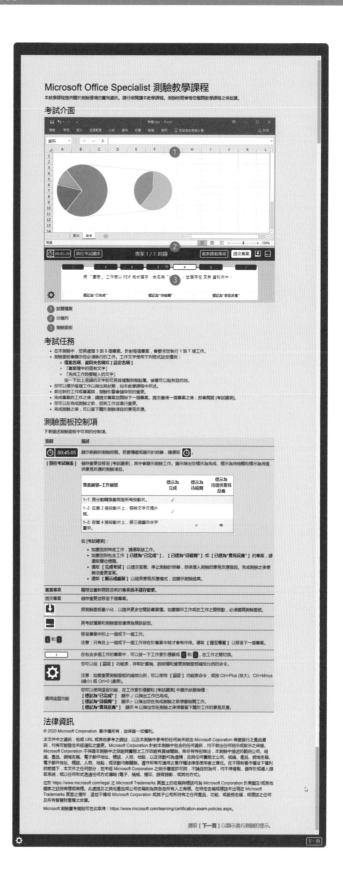

逐一看完認證測驗提示後，點按右下角的〔開始考試〕按鈕，即可開始測驗，50 分鐘的考試時間便在此開始計時，正式開始考試囉！

以 MO-200：Excel Associate 科目為例，進入考試後的畫面如下：

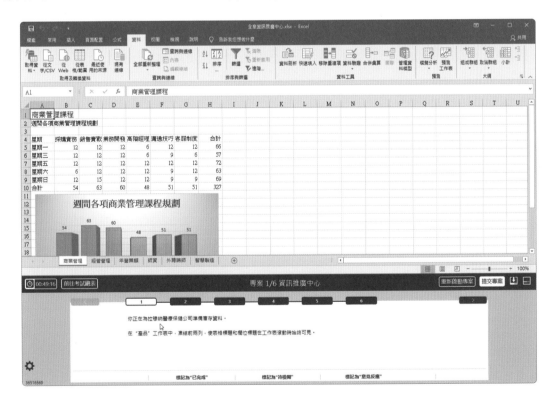

MOS 認證考試的測驗提示

每一個考試科目都是以專案為單位,情境式的敘述方式描述考生必須完成的每一項任務。以 Excel Associate 考試科目為例,總共有 6 個專案,每一個專案有 5~6 個任務必須完成,所以,在 50 分鐘的考試時間裡,要完成約莫 35 個任務。同一個專案裡的各項任務便是隸屬於相同情節與意境的實務情境,因此,您可以將一個專案視為一個考試大題,而該專案裡的每一個任務就像是考試大題的每一小題。大多數的任務描述都頗為簡潔也並不冗長,但要注意以下幾點:

1. 接受所有預設設定,除非任務敘述中另有指定要求。

2. 此次測驗會根據您對資料檔案和應用程式所做的最終變更來計算分數。您可以使用任何有效的方法來完成指定的任務。

3. 如果工作指示您輸入「特定文字」,按一下文字即可將其複製至剪貼簿。接著可以貼到檔案或應用程式,考生並不一定非得親自鍵入特定文字。

4. 如果執行任務時在對話方塊中進行變更,完成該對話方塊的操作後必須確實關閉對話方塊,才能有效儲存所進行的變更設定。因此,請記得在提交專案之前,關閉任何開啟的對話方塊。

5. 在測驗期間,檔案會以密碼保護。下列命令已經停用,且不需使用即可完成測驗:

   - 說明
   - 開啟
   - 共用
   - 以密碼加密
   - 新增

如果要變更測驗面板和檔案區域的高度,請拖曳檔案與測驗面板之間的分隔列。

前往另一個工作或專案時,測驗會儲存檔案。

細說 MOS 測驗
操作介面

全 新 設 計 的 **Microsoft 365** 暨 **Office 2019** 版 本 的
MOS 認證考試其操作介面更加友善、明確且便利。其
中多項貼心的工具設計，諸如複製輸入文字、縮放題目
顯示、考試總表的試題導覽，以及視窗面板的折疊展開
和恢復配置，都讓考生的考試過程更加流暢、便利。

2-1 測驗介面操控導覽

考試是以專案情境的方式進行實作，在考試視窗的底部即呈現專案題目的各項要求任務 (工作)，以及操控按鈕：

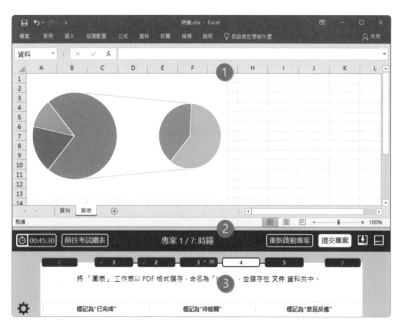

❶ 視窗上方：
試題檔案畫面

❷ 中間分隔列：
考試過程中的導覽工具

❸ 視窗下方：
測驗題目面板

● 視窗上方：試題檔案畫面

即測驗科目的應用程式視窗，切換至不同的專案會自動開啟並載入該專案的資料檔案。

● 中間分隔列：考試過程中的導覽工具

在此顯示考試的剩餘時間 (倒數計時) 外，也提供了前往考試題目總表、專案名稱、重啟目前專案、提交專案、折疊與展開視窗面板以及恢復視窗配置等工具按鈕。

　● 碼表按鈕與倒數計時的時間顯示

　顯示剩餘的測驗時間。若要隱藏或顯示計時器，可點按左側的碼表按鈕。

- 前往考試總表按鈕

  儲存變更並移至〔考試總表〕頁面，除了顯示所有的專案任務 (測驗題目) 外，也可以顯示哪些任務被標示了已完成、待檢閱或者待提供意見反應等標記。

- 重新啟動專案按鈕

  關閉並重新開啟目前的專案而不儲存變更。

- 提交專案按鈕

  儲存變更並移至下一個專案。

- 折疊與展開按鈕

  可以將測驗面板最小化，以提供更多空間給專案檔。如果要顯示工作或在工作之間移動，必須展開測驗面板。

- 恢復視窗配置按鈕

  可以將考試檔案和測驗面板還原為預設設定。

- **視窗下方：測驗題目面板**

  在此顯示著專案裡的各項任務工作，也就是每一個小題的題目。其中，專案的第一項任務，首段文字即為此專案的簡短情境說明，緊接著就是第一項任務的題目。而白色方塊為目前正在處理的專案任務、藍色方塊為專案裡的其他任務。左下角則提供有齒輪狀的工具按鈕，可以顯示計算機工具以及測驗題目面板的文字縮放顯示比例工具。在底部也提供有〔標記為 " 已完成 "〕、〔標記為 " 待檢閱 "〕、〔標記為 " 意見反應 "〕等三個按鈕。

測驗過程中，針對每一小題 (每一項任務)，都可以設定標記符號以提示自己針對該題目的作答狀態。總共有三種標記符號可以運用：

- **已完成**：由於題目眾多，已經完成的任務可以標記為「已完成」，以免事後在檢視整個考試專案與任務時，忘了該題目到底是否已經做過。這時候該題目的任務編號上會有一個綠色核取勾選符號。

- **待檢閱**：若有些題目想要稍後再做，可以標記為「待檢閱」，這時候題目的任務編號上會有金黃色的旗幟符號。

- **意見反應**：若您對有些題目覺得有意見要提供，也可以先標記意見反映，這時候題目的任務編號上會有淺藍色的圖說符號，您可以輸入你的意見。

只要前往新的工作或專案時，測驗系統會儲存您的變更，若是完成專案裡的工作，則請提交該專案並開始進行下一個專案的作答。而提交最後一個專案後，就可以開啟〔考試總表〕，除了顯示考試總結的題目清單外，也會顯示各個專案裡的哪些題目已經被您標示為 " 已完成 "，或者標示為 " 待檢閱 " 或準備提供 " 意見反應 " 的任務（工作）清單：

透過〔考試總表〕畫面可以繼續回到專案工作並進行變更，也可以結束考試、留下關於測驗項目的意見反應、顯示考試成績。

2-2　細說答題過程的介面操控

專案與任務 (題目) 的描述

在測驗面板會顯示必須執行的各項工作，也就是專案裡的各項小題。題目編號是以藍色方塊的任務編號按鈕呈現，若是白色方塊的任務編號則代表這是目前正在處理的任務。題目中有可能會牽涉到檔案名稱、資料夾名稱、對話方塊名稱，通常會以括號或粗體字樣示顯示。

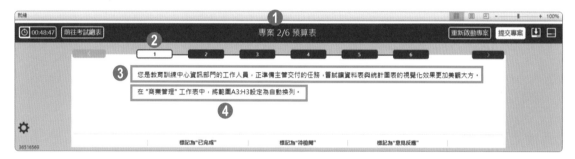

❶　以 Excel Associate 測驗為例，測驗中會需要處理 6 個專案。

❷　每一個專案會要求執行 5 到 6 項任務，也就是必須完成的各項工作。

❸　只有專案裡的第 1 個任務會顯示專案情境說明。

❹　專案情境說明底下便是第 1 個任務的題目。

題目中若有要求使用者輸入文字才能完成題目作答時，該文字會標示著點狀底線。

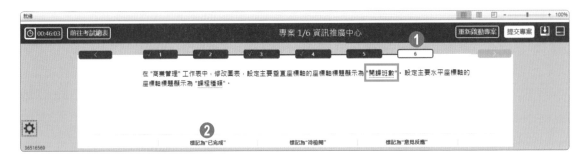

❶ 白色方塊的任務編號是目前正在處理的任務題目說明。

❷ 題目面版底部的〔標記為"已完成"〕、〔標記為"待檢閱"〕、〔標記為"意見反應"〕等三個按鈕可以為作答中的任務加上標記符號。

任務的標示與切換

● 標示為 " 已完成 "

完成任務後，可以點按〔標記為"已完成"〕按鈕，將目前正在處理的任務加上一個記號，標記為已經解題完畢的任務。這是一個綠色核取勾選符號。當然，這個標示為"已完成"的標記只是提醒自己的作答狀況，並不是真的提交評分。您也可以隨時再點按一下"取消已完成標記"以取消這個綠色核取勾選符號的顯示。

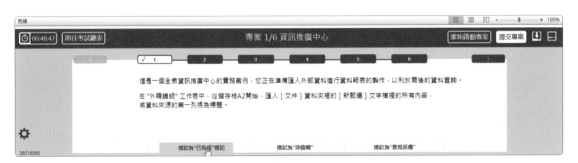

● 下一項任務 (下一小題)

若要進行下一小題，也就是下一個任務，可以直接點按藍色方塊的任務編號按鈕，可以立即切換至該專案任務的題目。

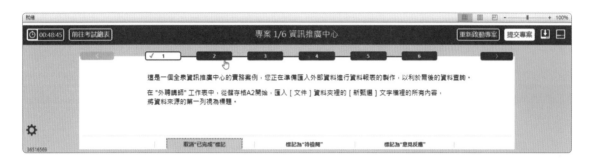

或者也可以點按題目窗格右側的〔 > 〕按鈕，切換至同專案的下一個任務。

● 上一項任務 (前一小題)

若要回到上一小題的題目，可以直接點按藍色方塊的任務編號按鈕，也可以點按題目窗格左上方的〔 < 〕按鈕，切換至同專案的上一個任務。

● 標示為 " 待檢閱 "

除了標記已完成的標記外，也可以對題目標記為待檢閱，也就是您若不確定此題目的操作是否正確或者尚不知如何操作與解題，可以點按面板下方的〔標記為待檢閱〕按鈕。將此題目標記為目前尚未完成的工作，稍後再完成此任務。

● 標示為 " 意見反應 "

您也可以將題目標記為意見反映，在結束考試時，針對這些題目提供回饋意見給測驗開發小組。

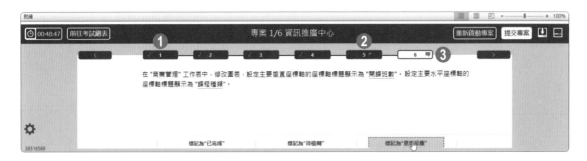

❶ [標記為 " 已完成 "] 的題目會顯示綠色打勾圖示，用來表示該工作已完成。

❷ [標記為 " 待檢閱 "] 的題目會顯示黃色旗幟圖示，用來表示在完成測驗之前想要再次檢閱該工作。

❸ [標記為 " 意見反應 "] 的題目會顯示藍色圖說圖示，用來表示在測驗之後想要留下關於該工作的意見反應。

縮放顯示比例與計算機功能

題目面板的左下角有一個齒輪工具,點按此按鈕可以顯示兩項方便的工具,一個是「計算機」,可以在畫面上彈跳出一個計算器,免去您有需要進行算術計算時的困擾,不過,這項功能的實用性並不高。

反而是「縮放」工具比較實用,若覺得題目的文字大小太小,可以透過縮放按鈕的點按來放大顯示。例如:調整為放大 **125%** 的顯示比例,大一點的字型與按鈕是不是看起來比較舒服呢?

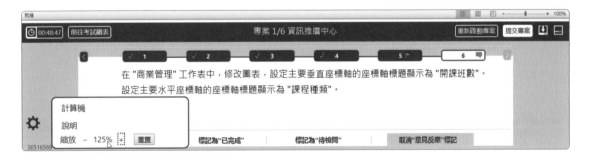

注意:如果變更測驗面板的縮放比例,也可以使用 Ctrl +(加號) 放大、Ctrl -(減號) 縮小或 Ctrl+0(零) 還原等快捷按鍵。

提交專案

完成一個專案裡的所有工作，或者即便尚未完成所有的工作，都可以點按題目面版右上方的〔提交專案〕按鈕，暫時儲存並結束此專案的操作，並準備進入下一個專案的答題。

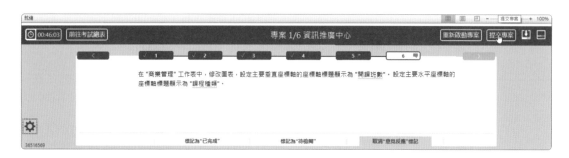

在再次確認是否提交專案的對話方塊上，點按〔提交專案〕按鈕，便可以儲存目前該專案各項任務的作答結果，並轉到下一個專案。不過請放心，在正式結束整個考試之前，您都可以隨時透過考試總表的操作再度回到此專案作答。

進入下一個專案的畫面後，除了開啟該專案的資料檔案外，下方視窗的題目面版裡也可以看到專案說明與第一項任務的題目，讓您開始進行作答。

關於考試總表

考試系統提供有考試總結清單，可以顯示目前已經完成或尚未完成（待檢閱）的任務（工作）清單。在考試的過程中，您隨時可以點按測驗題目面板左上方的〔前往考試總表〕按鈕，在顯示確認對話方塊後點按〔繼續至考試總表〕按鈕，便可以進入考試總表視窗，回顧所有已經完成或尚未完成的工作，檢視各專案的任務題目與作答標記狀況。

切換至考試總表視窗時，原先進行中的專案操作結果都會被保存，您也可以從考試總表返回任一專案，繼續執行該專案裡各項任務的作答與編輯。即便臨時起意切換到考試總表視窗了，只要沒有重設專案，已經完成的任務也不用再重做一次。

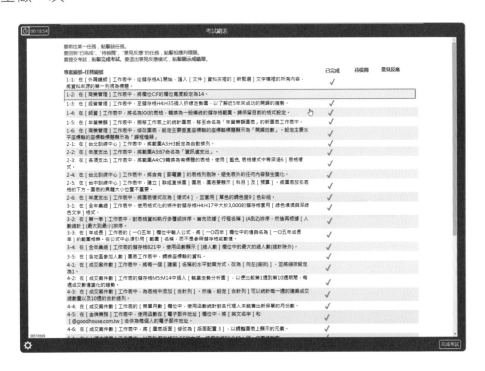

在〔考試總表〕頁面裡可以做的事情：

- 如要回到特定工作，請選取該工作。

- 如要回到包含工作〔已標為 " 已完成 "〕、〔已標為 " 待檢閱 "〕、〔已標為 " 意見反應 "〕的專案，請選取欄位標題。

- 選取〔完成考試〕以提交答案、停止測驗計時器，然後進入測驗的意見反應階段。完成測驗之後便無法變更答案。

- 若是完成考試，可以選取〔顯示成績單〕以結束意見反應模式，並顯示測驗結果。

貼心的複製文字功能

有些題目會需要考生在操作過程和對話方塊中輸入指定的文字，若是必須輸入中文字，昔日考生在作答時還必須將鍵盤事先切換至中文模式，然後再一一鍵入中文字，即便只是英文與數字的輸入，並不需要切換輸入法模式，卻也得小心翼翼地逐字無誤的鍵入，多個空白就不行。現在，大家有福了，新版本的操作介面在完成工作時要輸入文字的要求上，有著非常貼心的改革，因為，在專案任務的題目上，若有需要考生輸入文字才能完成工作時，該文字會標示點狀底線，只要考生以滑鼠左鍵點按一下點狀底線的文字，即可將其複製到剪貼簿裡，稍後再輕鬆的貼到指定的目地的。如下圖範例所示，只要點按一下任務題目裡的點狀底線文字「資訊處支出」，便可以將這段文字複製到剪貼簿裡。

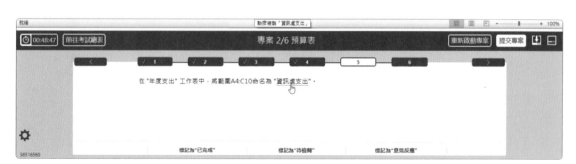

如此，在題目作答時就可以利用 **Ctrl+V** 快捷按鍵將其貼到目的地。例如：在開啟範圍〔新名稱〕的對話方塊操作上，點按〔名稱〕文字方塊後，並不需要親自鍵入文字，只要直接按 **Ctrl+V** 即可貼上剪貼簿裡的內容，是不是非常便民的貼心設計呢！

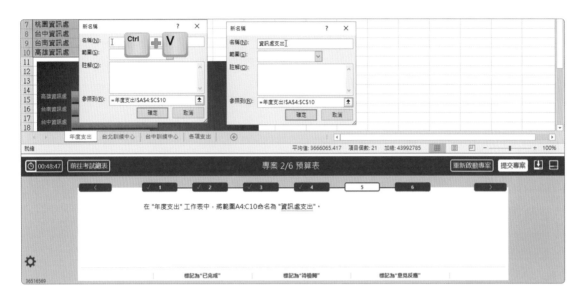

視窗面板的折疊與展開

有時候您可能需要更大的軟體視窗來進行答題的操作，此時，可以點按一下
測驗題目面板右上方的〔折疊工作面板〕按鈕。

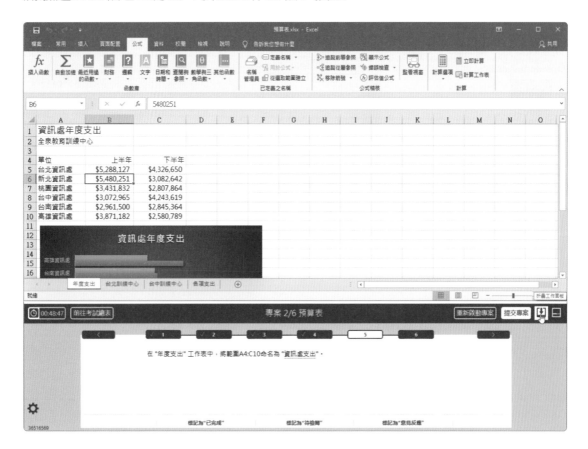

如此，視窗下方的測驗題目面板便自動折疊起來，空出更大的畫面空間來顯示整個應用程式操作視窗。若要再度顯示測驗題目面板，則點按右下角的〔展開工作面板〕按鈕即可。

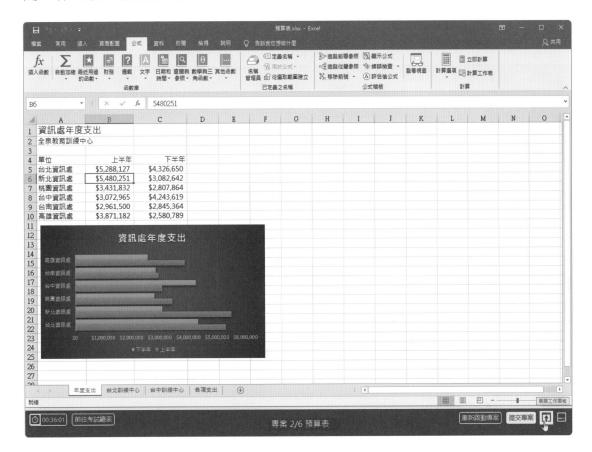

恢復視窗配置

或許在操作過程中調整了應用程式視窗的大小，導致沒有全螢幕或沒有適當的切割視窗與面板窗格，此時您可以點按一下測驗題目面板右上方的〔恢復視窗配置〕按鈕。

只要恢復視窗配置，當下的畫面將復原為預設的考試視窗。

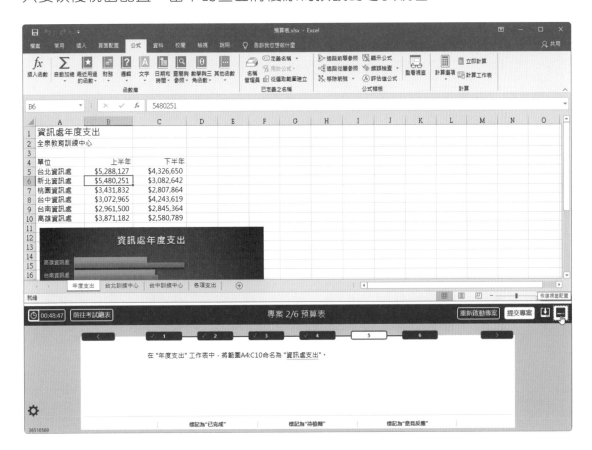

重新啟動專案

如果您對某個專案的操作過程不盡滿意，而想要重作整個專案裡的每一道題目，可以點按一下測驗題目面板右上方的〔重新啟動專案〕按鈕。

在顯示重置專案的確認對話方塊時，點按〔確定〕按鈕，即可清除該專案原先儲存的作答，重置該專案讓專案裡的所有任務及文件檔案都回復到未作答前的初始狀態。

2-3　完成考試 - 前往考試總表

在考試過程中您隨時可以切換到考試總表，瀏覽目前每一個專案的各項任務
題目以及其標記設定。若要完成整個考試，也是必須前往考試總表畫面，進
行最後的專案題目導覽與確認結束考試。若有此需求，可以點按測驗題目面
板左上方的〔前往考試總表〕按鈕。

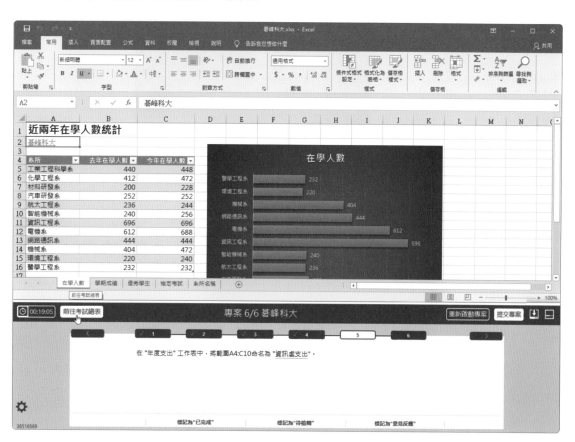

在顯示確認對話方塊後點按〔繼續至考試總表〕按鈕，才能順利進入考試總表視窗。

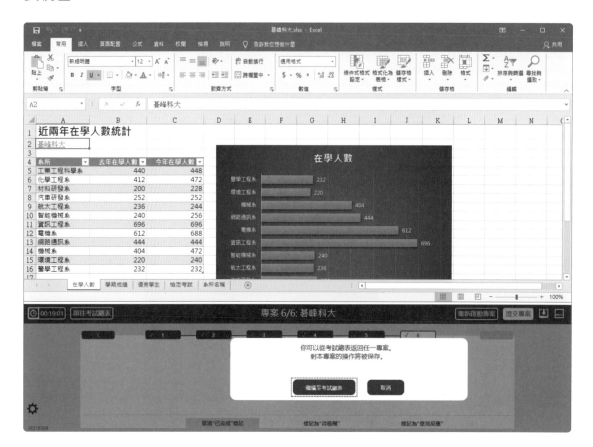

若是完成最後一個專案最後一項任務並點按〔提交專案〕按鈕後，不需點按〔前往考試總表〕按鈕，也會自動切換到考試總表畫面。若要完成考試，即可點按考試總表畫面右下角的〔完成考試〕按鈕。

接著，會顯示完成考試將立即計算最終成績的確認對話方塊，此時點按〔完成考試〕按鈕即可。不過切記，一旦按下〔完成考試〕按鈕就無法再返回考試囉！

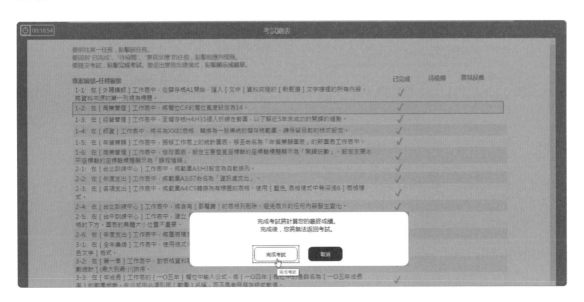

完成考試後可以有兩個選擇，其一是提供回饋意見給測驗開發小組，當然，若沒有要進行任何的意見回饋，便可直接檢視考試成績。

自行決定是否留下意見反應

還記得在考試中,您若對於專案裡的題目設計有話要說,想要提供該題目之回饋意見,則可以在該任務題目上標記 "意見反應" 標記 (淺藍色的圖說符號),便可以在完成考試後,也就是此時進行意見反應的輸入。例如:點按此頁面右下角的〔提供意見反應〕按鈕。

若是點按〔提供意見反應〕按鈕,將立即進入回饋模式,在視窗下方的測驗題目面板裡,會顯示專案裡各項任務的題目,您可以切換到想要提供意見的題目上,然後點按底部的〔對本任務提供意見反應〕按鈕。

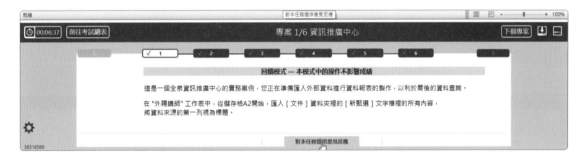

接著,開啟〔留下回應〕對話方塊後,即可在此輸入您的意見與想法,然後按下〔儲存〕按鈕。

您可以瀏覽至想要評論的專案工作上，點按在測驗面板底部的〔對本任務提供意見反應〕按鈕，留下給測驗開發小組針對目前測驗題目的相關意見反應。若有需求，可以繼續選取〔前往考試總表〕或者點按測驗面板有上方的〔下個專案〕以瀏覽至其他工作，依此類推，完成留下關於特定工作的意見反應。

顯示成績

結束考試後若不想要留下任何意見反應，可以直接點按〔留下意見反應〕頁面對話方塊右下角的〔顯示成績單〕按鈕，或者，在結束意見反應的回饋後，亦可前往〔考試總表〕頁面，點按右下角的〔顯示成績單〕按鈕，在即測即評的系統環境下，立即顯示您此次的考試成績。

MOS 認證考試的滿分成績是 1000 分,及格分數是 700 分以上,分數報表畫面會顯示您是否合格,您可以直接列印或儲存成 PDF 檔。

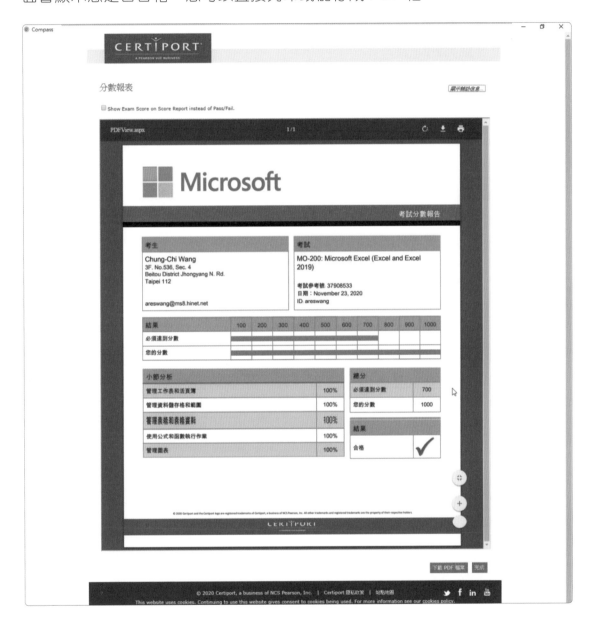

若是勾選分數報表畫面左上方的〔Show Exam Score On Score Report instead of Pass/Fail〕核取方塊，則成績單右下方結果方塊裡會顯示您的實質分數。當然，考後亦可登入 Certiport 網站，檢視、下載、列印您的成績報表或查詢與下載列印證書副本。

2-4　MOS 2019-Word Associate MO-100 評量技能

在製作各種類型文件，諸如傳單、信件、講義、筆記、專題、研究報告，乃至論文寫作，Word 都佔有一席之地。在學校、企業、公民營單位、…也都無處不見其蹤影。使用 Word 編輯各種需求的文件已是現代人必備基本技能，利用 Word 編輯與製作標準格式的文件、表格，從文字、段落、頁面的各種格式設定、專業的樣式建立與編輯、基本的文件參照與管理，以及圖文並茂的視覺文件、特定訴求與安全性的表單、文件的防護與文件協同作業能力，都是使用者所需的必學實務，自然也就成為各種與 Word 技能檢定或認證相關的考試素材。

為了提升基本的文件編輯能力，迎合更多元的實務應用，新版本的 MOS Word 2019 認證考試也有了局部的調整，此次 MOS Word 2019 Associate 的認證考試代碼為 Exam MO-100，共分成以下六大核心能力評量領域：

● **1 管理文件**

● **2 插入與格式文字、段落和章節**

● **3 管理表格和清單**

● **4 建立和管理參照**

● **5 插入圖形元素並設定其格式**

● **6 管理文件協同作業**

以下是彙整了 Microsoft 公司訓練認證和測驗網站平台所公布的 MOS Word 2019 Associate 認證考試範圍與評量重點摘要。您可以在學習前後，根據這份評量的技能，看看您已經學會了哪些必備技能，在前面打個勾或做個記號，以瞭解自己的實力與學習進程。

評量領域	評量目標與必備評量技能
1 管理文件	**導覽文件**
	☐ 搜尋文字
	☐ 連結至文件裡的位置
	☐ 移至文件中的特定位置或物件
	☐ 顯示或隱藏格式化符號和隱藏的文字
	格式化文件
	☐ 設定文件頁面
	☐ 套用文件樣式集
	☐ 插入與編輯頁首和頁尾
	☐ 設定頁面背景元素
	儲存與共用文件
	☐ 以其他檔案格式儲存文件
	☐ 修改基本的文件屬性
	☐ 修改列印設定
	☐ 有效率地共用文件
	檢查文件是否有問題
	☐ 檢查文件是否有隱藏屬性或個人資訊
	☐ 檢查文件是否有協助工具問題
	☐ 檢查文件是否有相容性問題
2 插入與格式文字、段落和章節	**插入文字和段落**
	☐ 尋找並取代文字
	☐ 插入特殊符號和特殊字元
	格式化文字和段落
	☐ 套用文字效果
	☐ 使用複製格式套用格式設定
	☐ 設定行與段落的間距與縮排
	☐ 套用內建樣式至文字
	☐ 清除格式設定

評量領域	評量目標與必備評量技能
2 插入與格式文字、段落和章節	**建立和設定文件章節**
	☐ 將文字格式設定為多欄
	☐ 插入分頁、分節、分欄符號
	☐ 變更章節的版面設定選項
3 管理表格和清單	**建立表格**
	☐ 將文字轉換為表格
	☐ 將表格轉換為文字
	☐ 指定列與欄以建立表格
	修改表格
	☐ 排序表格資料
	☐ 設定儲存格邊界與間距
	☐ 合併及分割儲存格
	☐ 調整表格、列與欄的大小
	☐ 分割表格
	☐ 設定重複列標題
	建立和修改清單
	☐ 格化段落為編號清單及項目符號清單
	☐ 變更清單層級的項目符號字元或編號格式
	☐ 定義自訂項目符號字元和編號格式
	☐ 增加或減少清單層級
	☐ 重新開始或繼續清單編號
	☐ 設定起始編號值
4 建立和管理參照	**建立和管理參照元件**
	☐ 插入註腳與章節附註
	☐ 修改註腳與章節附註屬性
	☐ 建立和修改書目引文來源
	☐ 為參考書目插入引文
	建立和管理參照表格
	☐ 插入目錄
	☐ 自訂目錄
	☐ 插入參考書目

評量領域	評量目標與必備評量技能
5 插入圖形元素並設定其格式	**插入圖形及文字方塊** ☐ 插入圖案 ☐ 插入圖片 ☐ 插入 3D 模型 ☐ 插入 SmartArt 圖形 ☐ 插入螢幕擷取畫面和畫面剪輯 ☐ 插入文字方塊 **設定圖形和文字方塊的格式** ☐ 套用美術效果 ☐ 套用圖片效果和圖片樣式 ☐ 移除圖片背景 ☐ 格式化圖形元件 ☐ 格式化 SmartArt 圖形 ☐ 格式化 3D 模型 **在圖形元件中新增文字** ☐ 在文字方塊中新增並編輯文字 ☐ 在圖案中新增並編輯文字 ☐ 在 SmartArt 圖形中新增並編輯文字 **修改圖形元件** ☐ 固定物件位置 ☐ 針對協助工具將替代文字新增至物件
6 管理文件協同作業	**新增與管理註解** ☐ 新增註解 ☐ 檢閱並回覆註解 ☐ 解決註解 ☐ 刪除註解 **管理追蹤修訂** ☐ 追蹤修訂 ☐ 檢閱追蹤修訂 ☐ 接受與拒絕追蹤修訂 ☐ 鎖定與解除鎖定追蹤修訂

Chapter

03

模擬試題 I

此小節設計了一組包含 **Word** 各項必備基礎技能的評量實
作題目，可以協助讀者順利挑戰各種與 **Word** 相關的基本
認證考試，共計有 **7** 個專案。

專案 **1** 　會議記錄

此專案只有一個任務，你是公司的助理，你正在為公司每個月的專案審查會議製做空的會議紀錄樣板。

1

將文件另存為不支援巨集的 Word2019 範本，命名為「會議紀錄」。將此範本檔儲存在預設位置。

評量領域：管理文件

評量目標：儲存與共用文件

評量技能：以其他檔案格式儲存文件，將檔案儲存為 .dotx 格式

解題步驟

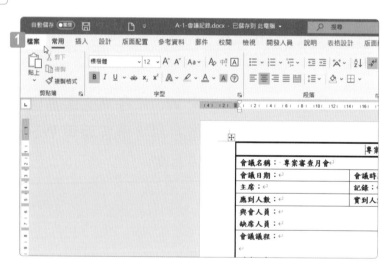

STEP01 　開啟會議記錄檔案後，點選左上角的〔檔案〕索引標籤。

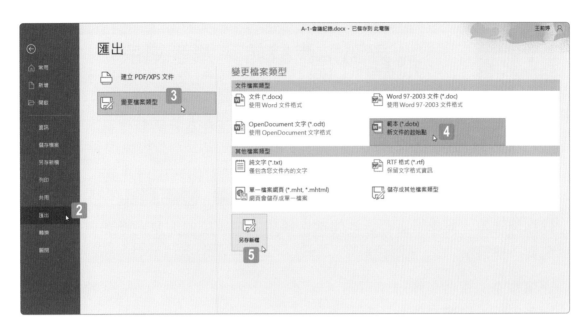

STEP02 點按〔匯出〕。

STEP03 在匯出視窗中，左邊選擇〔變更檔案類型〕。

STEP04 在變更檔案類型的視窗中點選〔範本 (*.dotx)〕按鈕。

STEP05 點選下方的〔另存新檔〕。

STEP06 於檔案名稱欄位輸入「會議紀錄」。

STEP07 不更改其他預設值，點選〔儲存〕按鈕。

飛鳥社區

你是社區管理委員會的成員，你正在為社區製作暑期泳池開放公告。

找到開頭為「夏季社區游泳池開放」段落，在段落的開頭處增加書籤，命名為「標題」。

評量領域：管理文件

評量目標：導覽文件

評量技能：連結至文件裡的位置

解題步驟

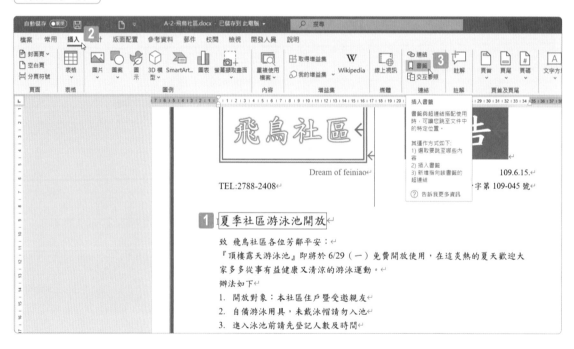

STEP01 找到「夏季社區游泳池開放」段落，使游標停駐在段落最前方。

STEP02 點選〔插入〕索引標籤。

STEP03 選擇〔連結〕群組中的〔書籤〕命令按鈕。

STEP04

開啟書籤對話方塊,於〔書籤名稱:〕下方的文字方塊輸入「標題」。

STEP05

按下〔新增〕按鈕。

在「開放時間」段落下的空白段落,插入一個兩欄三列的表格。

表格的第一列裡,左方的儲存格輸入「日期」,右方的儲存格輸入「開放時間」,並設定根據內容自動調整表格大小。

評量領域:管理表格和清單

評量目標:建立表格

評量技能:指定列與欄以建立表格

解題步驟

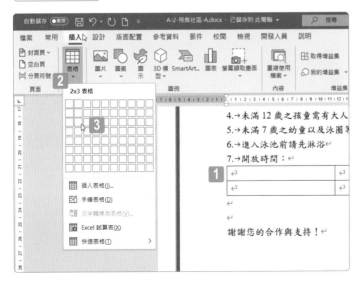

STEP01

游標點選「7.開放時間:」下方的段落。

STEP02

點選〔插入〕索引標籤裡〔表格〕群組中的〔表格〕命令按鈕。

STEP03

點一下第三列、第二欄的□,插入 2×3 表格。

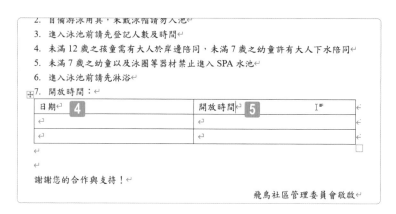

STEP04 點選左上角第一個儲存格，輸入「日期」。

STEP05 點選第一列右邊的儲存格，輸入「開放時間」。

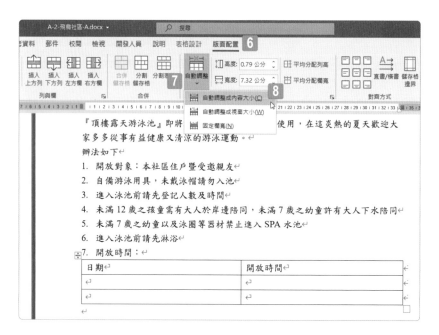

STEP06 點選表格的〔版面配置〕索引標籤。

STEP07 選擇〔儲存格大小〕群組裡的〔自動調整〕命令按鈕。

STEP08 選擇〔自動調整成內容大小〕。

在「辦法如下」下個段落，將編號清單設定為自「100」開始。

評量領域：管理表格和清單
評量目標：建立和修改清單
評量技能：設定起始編號值

解題步驟

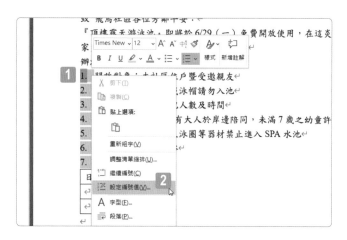

STEP01　在編號清單中的「1.」上方按一下滑鼠右鍵。

STEP02　在功能選單中點選〔設定編號值〕。

STEP03　開啟設定編號值功能選單，於〔設定值〕輸入「100」。

STEP04　點擊〔確定〕按鈕。

插入一個 [綵帶：向上傾斜] 圖案在頁面底部空白的地方（圖案具體的大小不重要），設定圖案為矩形文繞圖，並將該圖案放置在頁面底部中央位置。

評量領域：插入圖形元素並設定其格式

評量目標：插入圖形及文字方塊

評量技能：插入圖案並固定物件位置

解題步驟

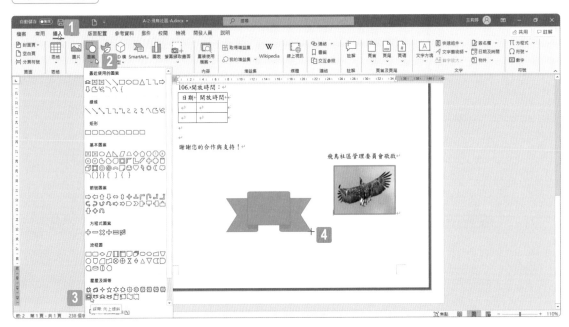

STEP01　選擇〔插入〕索引標籤。

STEP02　點選〔圖例〕群組，展開選單。

STEP03　選擇〔星星及綵帶〕裡的〔綵帶：向上傾斜〕圖案。

STEP04　於頁面下方的空白處隨意的拖曳出一個圖案。

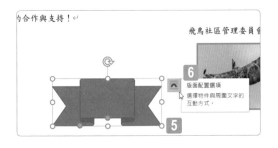

STEP05

滑鼠點擊一下剛剛畫出來的圖案。

STEP06

按一下圖示右上角的〔版面配置選項〕。

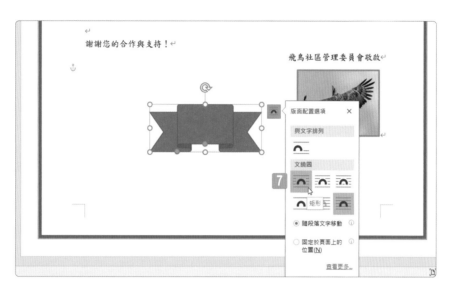

^{STEP}**07** 選擇文繞圖欄位左上角的〔矩形〕。

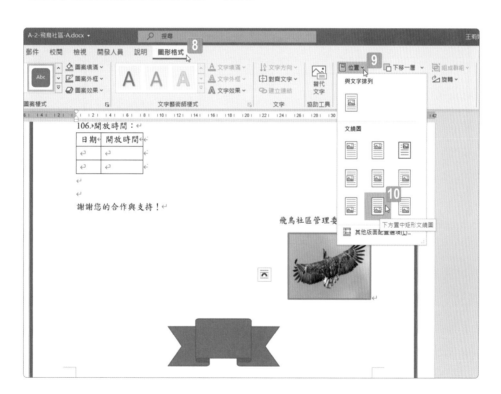

^{STEP}**08** 選擇〔圖形格式〕索引標籤。

^{STEP}**09** 選擇〔排列〕群組裡的〔位置〕命令按鈕。

^{STEP}**10** 在文繞圖的部分點選〔下方置中矩形文繞圖〕。

| 1 | 2 | 3 | 4 | 5 |

將飛鳥的圖片框線顏色改為 [藍色，輔色 5，較淺 40%]

評量領域：插入圖形元素並設定其格式
評量目標：設定圖形和文字方塊的格式
評量技能：格式化圖形元件

解題步驟

STEP01 點選右下方飛鳥的圖片。

STEP02 點選〔圖片格式〕索引標籤。

STEP03 點選〔圖片樣式〕群組裡的〔圖片框線〕控制按鈕。

STEP04 選單中選擇〔藍色，輔色 5，較淺 40%〕。（游標稍微停止一下就會
出現顏色完整的名稱！）

專案 **3**　淨灘活動

公司為了履行社會責任，規劃利用一個工作日的時間，全體公司成員要進行淨灘活動以及團隊營造的活動，你正在為公司的社會回饋專案進行整體規劃。

1	2	3	4	5	6

在文件屬性中，將「企業責任」添加至標題。

評量領域：管理文件

評量目標：儲存與共用文件

評量技能：修改基本的文件屬性

解題步驟

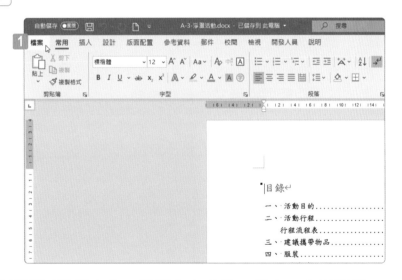

STEP01　開啟淨灘活動檔案後，點選左上角的〔檔案〕索引標籤。

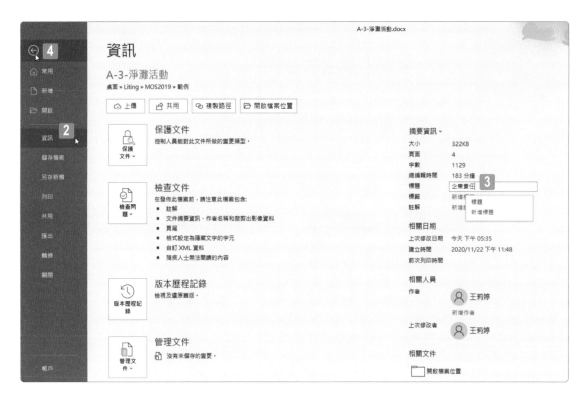

STEP **02** 點選〔資訊〕。

STEP **03** 在右邊的〔摘要資訊〕找到〔標題〕，於後方的文字方塊輸入「企業責任」。

STEP **04** 點選左上方的返回箭頭回到文件編輯頁面。

將文件中所有的「搭遊覽車」都替換為「車程」。

評量領域：插入與格式文字、段落和章節

評量目標：插入文字和段落

評量技能：尋找並取代文字

解題步驟

STEP01　點選〔常用〕索引標籤。

STEP02　選擇〔編輯〕群組裡的〔取代〕命令按鈕。

STEP03

在出現的〔尋找及取代〕視窗中，〔尋找目標〕輸入「搭遊覽車」，〔取代為〕輸入「車程」。

STEP04

點擊〔全部取代〕。

STEP05

總共有 4 筆資料取代成功，點選對話方塊中的〔確定〕。

| 1 | 2 | 3 | 4 | 5 | 6 |

在「行程流程表」段落中,將表格最後一列的所有儲存格合併。

評量領域:管理表格和清單

評量目標:修改表格

評量技能:合併及分割儲存格

解題步驟

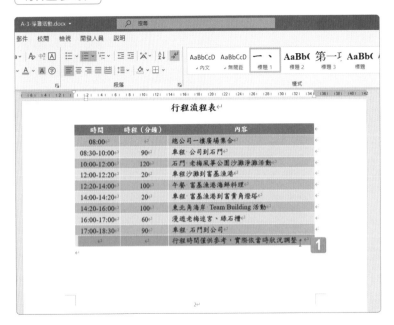

STEP01

移動至第二頁最下方的表格,用滑鼠游標將最後一列的三個儲存格選取起來。

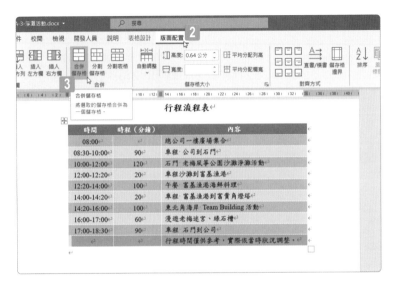

STEP02

選擇表格的〔版面配置〕索引標籤。

STEP03

點按〔合併群組〕中的〔合併儲存格〕命令按鈕。

| 1 | 2 | 3 | 4 | 5 | 6 |

重新產生目錄，讓目錄中只顯示階層 1 標題。

評量領域：建立和管理參照

評量目標：建立和管理參照表格

評量技能：自訂目錄

解題步驟

STEP01　捲動頁面回到第一頁目錄頁，將游標點選在目錄標題「目錄」的前方。

STEP02　選擇〔參考資料〕索引標籤。

STEP03　點選〔目錄〕群組中的〔目錄〕命令按鈕。

STEP04　從展開的目錄選單中點按〔自訂目錄〕。

^{STEP}**05** 更改〔目錄〕視窗中〔一般〕區塊的顯示階層為「1」，不更改其他的
設定值。

^{STEP}**06** 點按〔確定〕按鈕。

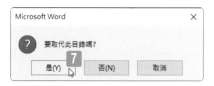

^{STEP}**07** 是否要取代此目錄中選擇「是」。

1　　2　　3　　4　　5　　6

在「聯絡單位」區段裡，將圖片的文繞圖效果變更為上及下。

評量領域：插入圖形元素並設定其格式

評量目標：設定圖形和文字方塊的格式

評量技能：格式化圖形元件

解題步驟

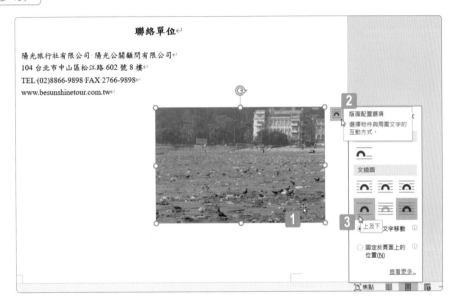

STEP 01　點選最後一頁右下角的圖片。

STEP 02　點按右上角的〔版面配置選項〕智慧標籤。

STEP 03　選擇〔文繞圖〕中的〔上及下〕按鈕。

解決在「安心旅遊提醒」區段中的註解。

評量領域：管理文件協同作業

評量目標：新增與管理註解

評量技能：解決註解

解題步驟

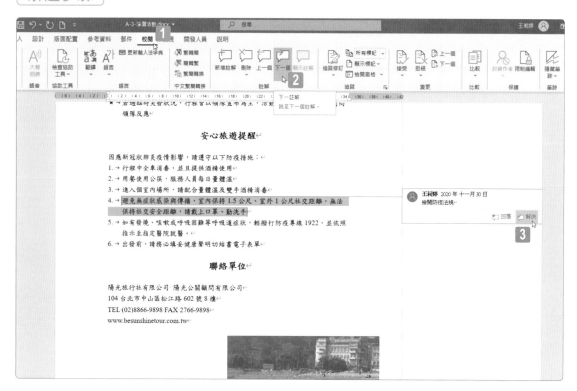

STEP**01** 點選〔校閱〕索引標籤。

STEP**02** 選擇〔註解〕群組裡的〔下一個〕命令按鈕，畫面會立刻轉跳到安心
旅遊提醒段落中有註解的段落。

STEP**03** 點選註解中的〔解決〕。

專案 **4**　　**禮盒訂購單**

　　為了要擴展客源，你設計了一份團購訂單要放在網路上給顧客下載填寫，你正在檢查訂購明細。

1　　**2**　　**3**　　**4**

將文件頁尾中的文字效果設定為預先定義的 [填滿:金色，輔色4;軟性浮凸]。

評量領域：插入與格式文字、段落和章節

評量目標：格式化文字和段落

評量技能：套用文字效果

解題步驟

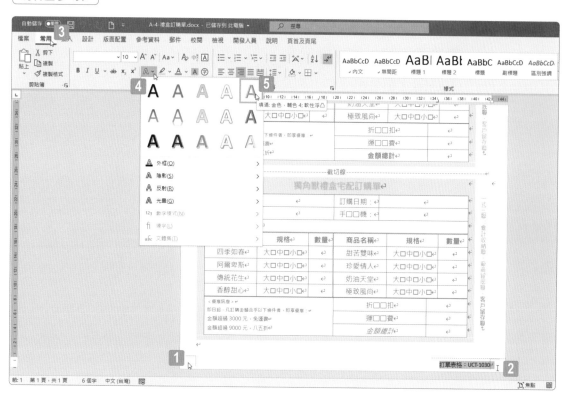

STEP**01**　到頁面最底端，將游標停在頁面最下方邊界以外空白的地方，快速連擊滑鼠左鍵兩下。

STEP**02** 將頁尾中所有的文字選起來。

STEP**03** 點按〔常用〕索引標籤。

STEP**04** 點按〔字型〕群組中〔文字效果與印刷樣式〕命令按鈕。

STEP**05** 選擇〔填滿：金色，輔色 4; 軟性浮凸〕。

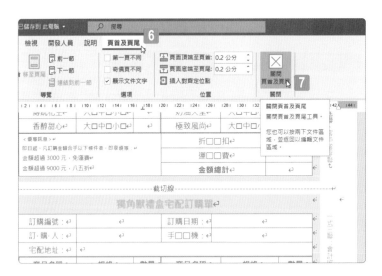

STEP**06** 點按〔頁首及頁尾〕索引標籤。

STEP**07** 點一下〔關閉〕群組中的〔關閉頁首及頁尾〕命令按鈕。

1 — 2 — 3 — 4

在第一個區段、第二張表格的〔< 優惠訊息 >〕區段中，修改下方的清單，使用字體：[Segoe UI Symbol]、字元代碼：「263A」(白色笑臉)，套用自訂的項目符號字元。

評量領域：管理表格和清單
評量目標：建立和修改清單
評量技能：變更清單層級的項目符號字元或編號格式

解題步驟

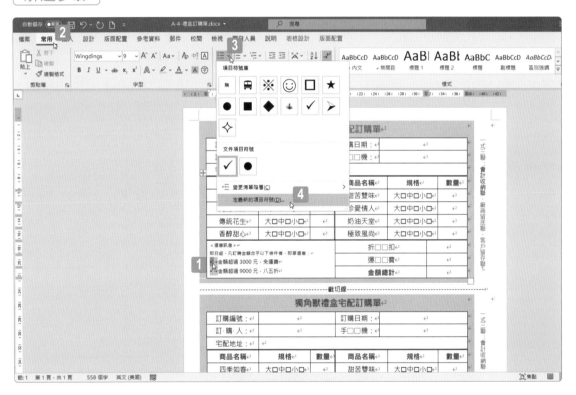

STEP01 找到第一聯訂購單中優惠訊息段落下的〔✔〕項目符號，滑鼠左鍵點擊一下。

STEP02 點按〔常用〕索引標籤。

STEP03 選擇〔段落〕群組中的〔項目符號〕命令按鈕。

STEP04 在〔項目符號〕選單中點按〔定義新的項目符號〕。

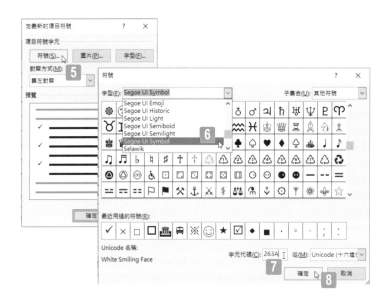

STEP**05**　〔定義新的項目符號〕視窗中按一下〔符號〕按鈕。

STEP**06**　跳出〔符號〕視窗，在〔字型〕的下拉式選單中選擇〔Segoe UI Symbol〕。

STEP**07**　〔字元代碼〕輸入「263A」。

STEP**08**　點按〔確定〕。

STEP**09**　回到〔定義新的項目符號〕清單，點按〔確定〕。

1 ─── 2 ──── 3 ──── 4

在第一聯訂購單中，「金額超過 9000 元，八五折」段落最後面插入註腳：「可彈性討論」

評量領域：建立和管理參照

評量目標：建立和管理參照元件

評量技能：插入註腳與章節附註

解題步驟

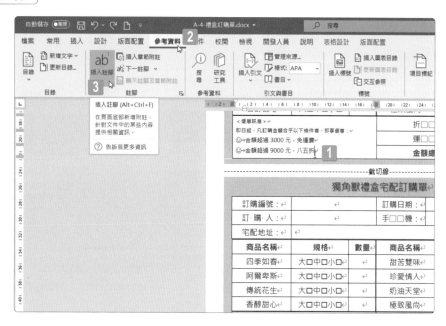

STEP01 游標停在「金額超過 9000 元，八五折」最後端。

STEP02 點按〔參考資料〕索引標籤。

STEP03 點按〔註腳〕群組中的〔插入註腳〕命令按鈕。

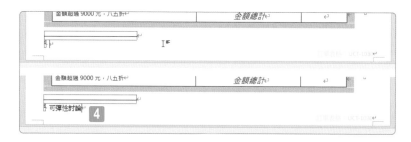

STEP04 畫面轉跳到頁面底端並出現註腳欄位，直接輸入「可彈性討論」。

```
1 ──── 2 ──── 3 ──── 4
```

接受文件中所有插入和刪除的修訂、拒絕所有格式修改的變更。

評量領域：管理文件協同作業

評量目標：管理追蹤修訂

評量技能：接受與拒絕追蹤修訂

解題步驟

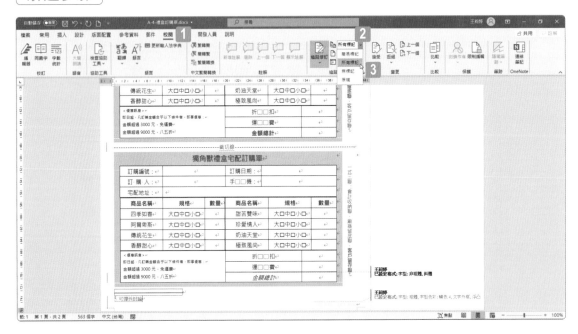

STEP**01** 點按〔校閱〕索引標籤。

STEP**02** 點擊〔追蹤〕群組中的〔顯示供檢閱〕命令按鈕的下拉箭頭。

STEP**03** 於下拉式選單中選擇〔所有標記〕。

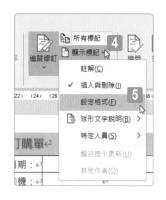

STEP04

點按〔顯示標記〕命令按鈕。

STEP05

〔顯示標記〕下拉選單中，取消〔註解〕、〔設定格式〕的勾選，只留下〔插入與刪除〕的勾選。

STEP06

點選〔變更〕群組中的〔接受〕命令按鈕下方的小箭頭。

STEP07

選擇〔接受所有顯示的變更〕。

STEP08

點按〔顯示標記〕命令按鈕。

STEP09

〔顯示標記〕下拉選單中，取消〔插入與刪除〕的勾選，只留下〔設定格式〕的勾選。

STEP10

點選〔變更〕群組中的〔拒絕〕命令按鈕下方的小箭頭。

STEP11

選擇〔拒絕所有顯示的變更〕。

專案 **5** 　　資訊安全宣導

公司即將要進行資訊安全稽核，你正在為公司建立一份要發送給全體員工的資訊安全宣導文件。

| 1 | 2 | 3 | 4 | 5 | 6 |

檢查文件的協助工具，檢查的結果裡，使用第一項建議的動作糾正錯誤，不要修復檢查結果中的其他問題。

評量領域：管理文件
評量目標：檢查文件是否有問題
評量技能：檢查文件是否有協助工具問題

解題步驟

STEP 01 開啟資訊安全宣導檔案後，點選左上角的〔檔案〕索引標籤。

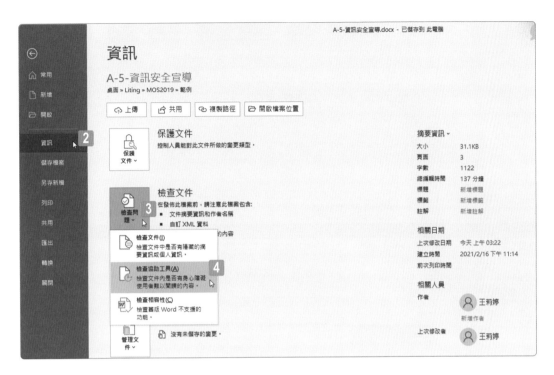

STEP02 點按〔資訊〕。

STEP03 點按〔檢查問題〕功能按鈕。

STEP04 在選單中點選〔檢查協助工具〕。

STEP05

在〔協助工具〕視窗的檢查結果中,展開第一項錯誤〔無標題列〕的錯誤。

STEP06

按一下〔表格〕後方的箭頭開啟下拉式選單。

STEP07

在〔建議的動作〕下拉式選單中,點按〔使用第一列做為標題〕選項。

| 1 | 2 | 3 | 4 | 5 | 6 |

將第二頁的頁面方向設定為橫向。（其他頁面的方向保持不變）。

評量領域：插入與格式文字、段落和章節

評量目標：建立和設定文件章節

評量技能：變更章節的版面設定選項

解題步驟

STEP**01** 將游標點選文件中第二頁任意一個位置。

STEP**02** 點按〔版面配置〕索引標籤。

STEP**03** 點按〔版面設定〕群組中右下角的〔版面設定〕按鈕。

STEP**04** 〔版面配置〕視窗中〔頁面〕標籤中的〔方向〕更改為〔橫向〕。

STEP**05** 底下的〔套用至〕選擇〔此一節〕。

STEP**06** 點按〔確定〕按鈕。

1　2　**3**　4　5　6

設定表格 1 的欄寬，使每欄的寬度皆為「2.6 公分」。

評量領域：管理表格和清單

評量目標：修改表格

評量技能：調整表格、列與欄的大小

解題步驟

STEP01 點選〔表格 1〕。

STEP02 點按表格的〔版面配置〕索引標籤。

STEP03 點按〔表格〕群組中的〔內容〕命令按鈕。

STEP **04**

〔表格內容〕視窗中選擇〔欄〕索引標籤。

STEP **05**

慣用寬度更改為「2.6 公分」。

STEP **06**

點按〔確定〕按鈕。

在「社交工程」區段中，於標題下方第二個段落的最末端，插入一個命名為「社交演練 1」的新預留位置的引文。

評量領域：建立和管理參照

評量目標：建立和管理參照元件

評量技能：為參考書目插入引文

解題步驟

STEP**01**　游標停在第三頁「交付財物。」後方。

STEP**02**　點按〔參考資料〕索引標籤。

STEP**03**　點按〔引文與書目〕群組中〔插入引文〕命令按鈕。

STEP**04**　選擇〔新增預留位置〕。

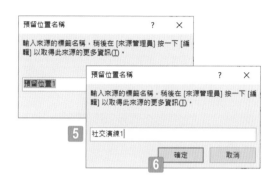

STEP**05**　在〔預留位置名稱〕視窗中的文字方塊輸入〔社交演練 1〕。

STEP**06**　點按〔確定〕。

在「社交工程預防」區段最下方的空白段落，使用 3D 模型功能插入 [3D 物件] 資料夾中的電腦模型，並設定文繞圖為矩形。

評量領域：插入圖形元素並設定其格式
評量目標：插入圖形及文字方塊
評量技能：插入及格式化 3D 模型

解題步驟

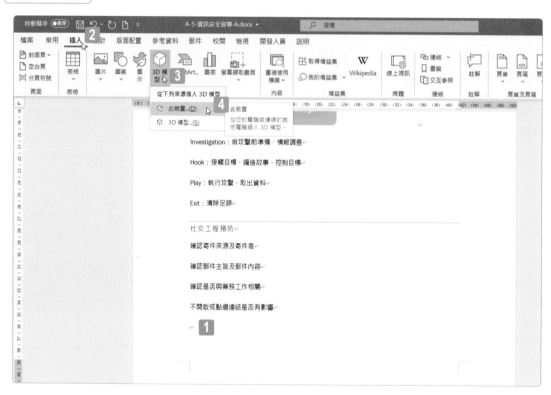

STEP**01** 將游標停在文件末端的空白段落。

STEP**02** 點按〔插入〕索引標籤。

STEP**03** 點按〔圖例〕群組的〔3D 模型〕命令按鈕下半部的箭頭。

STEP**04** 〔從下列來源插入 3D 模型〕選擇〔此裝置〕。

^{STEP}05 在〔插入 3D 模型〕視窗中的〔3D 物件〕資料夾裡找到檔案「電腦 .3mf」檔案，並點擊〔插入〕按鈕進行 3D 圖片的匯入。

^{STEP}06 點按 3D 圖型右上角的〔版面配置選項〕智慧標籤。

^{STEP}07 點按文繞圖中〔矩形〕按鈕。

| 1 | 2 | 3 | 4 | 5 | 6 |

在「社交工程的攻擊流程」區段中，設定 SmartArt 圖形的替代文字為「IHRE 攻擊流程」。

評量領域：插入圖形元素並設定其格式
評量目標：修改圖形元件
評量技能：針對協助工具將替代文字新增至物件

解題步驟

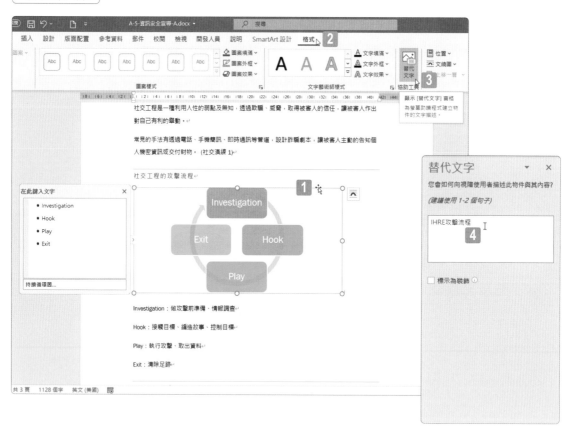

STEP01　點按「社交工程的攻擊流程」下方的 SmartArt 圖型（確認游標點在最外框的選取線上）。

STEP02　點按〔格式〕索引標籤。

STEP03　點按〔協助工具〕群組中的〔替代文字〕命令按鈕。

STEP04　在〔替代文字〕窗格中輸入「IHRE 攻擊流程」。

專案 6 甜點大賽行程

兩年一度在法國里昂舉行的世界盃甜點大賽即將舉辦,台灣區已經經過層層篩選及比賽選出最終代表隊的選手們。你正在為世界盃甜點大賽準備選手比賽行程資料。

在文件除了第一頁外的所有頁面上使用「離子(深色)」頁尾。

評量領域:管理文件

評量目標:格式化文件

評量技能:插入與編輯頁首和頁尾

解題步驟

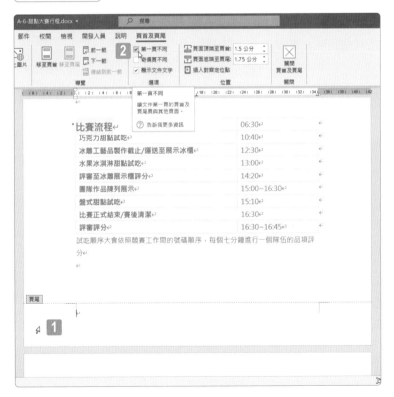

STEP01

到第二頁的頁面最底端,將游標停在頁面最下方邊界以外空白的地方,快速連擊滑鼠左鍵兩下,進入頁首頁尾編輯模式。

STEP02

將〔頁首及頁尾〕索引標籤裡〔選項〕群組中〔第一頁不同〕核取方塊打勾。

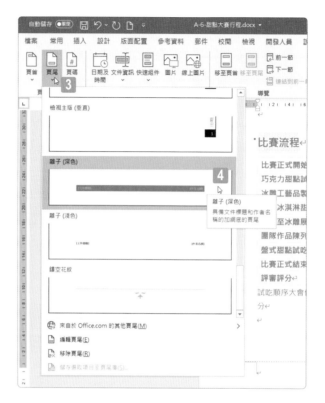

STEP**03** 　點按〔頁首及頁尾〕群組中的〔頁尾〕命令按鈕。

STEP**04** 　在選單中找到並點擊〔離子 (深色)〕頁尾。

在比賽流程的表格下方,「試吃順序大會依照……」段落最前方,插入符號,使用 [Webdings] 字型和字元代碼「228」。

評量領域:插入與格式文字、段落和章節
評量目標:插入文字和段落
評量技能:插入特殊符號和特殊字元

解題步驟

STEP01 將游標停在第二頁最下方「試吃順序」之前。

STEP02 點按〔插入〕索引標籤。

STEP03 點按〔符號〕群組中的〔符號〕命令按鈕。

STEP04 選擇〔其他符號〕。

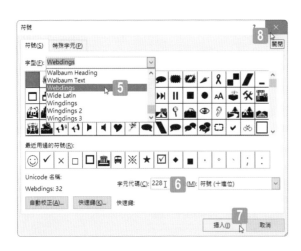

STEP05 〔符號〕視窗中的〔符號〕標籤裡,點開〔字型〕的下拉式選單,選擇〔Webdings〕字型。

STEP06 下方的〔字元代碼〕輸入「228」。

STEP07 點按〔插入〕按鈕。

STEP08 點按右上方的〔關閉〕,關閉〔符號〕視窗。

| 1 | 2 | 3 | 4 | 5 | 6 |

將整份文件的行距設定為「1.15」倍行高。

評量領域：插入與格式文字、段落和章節

評量目標：格式化文字和段落

評量技能：設定行與段落的間距與縮排

解題步驟

STEP**01** 點按〔常用〕索引標籤。

STEP**02** 點按〔編輯〕群組裡的〔選取〕命令按鈕。

STEP**03** 於選單中選擇〔全選〕功能。

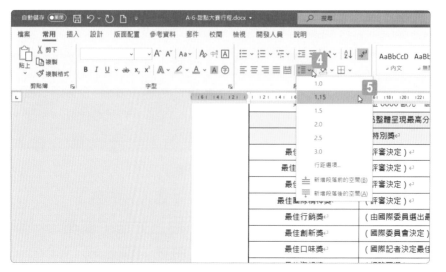

STEP**04**
點按〔段落〕群組中的〔行距與段落〕命令按鈕。

STEP**05**
選單中選擇〔1.15〕行距選項。

| 1 | 2 | 3 | 4 | 5 | 6 |

請修改「選手須自備文件:」段落之下的段落清單,使其編號顯示 1 到 4。

評量領域:管理表格和清單

評量目標:建立和修改清單

評量技能:重新開始或繼續清單編號

解題步驟

STEP01　找到第一頁中〔選手須自備文件〕段落下方的編號〔5〕,游標停在數字 5 的上方並點擊滑鼠右鍵一下。

STEP02　在清單中選擇〔從 1 重新開始編號〕。

在評分項目下方的段落，將整個 SmartArt 圖形套用卡通圖案效果。

評量領域：插入圖形元素並設定其格式

評量目標：設定圖形和文字方塊的格式

評量技能：格式化 SmartArt 圖形

解題步驟

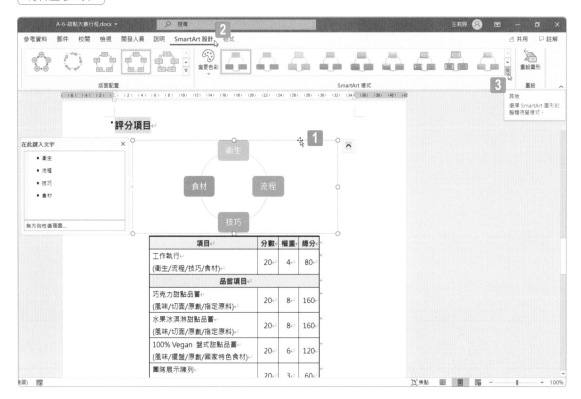

STEP01 點按「評分項目」下方的 SmartArt 圖型（確認游標點在最外框的選取線上）。

STEP02 點按〔SmartArt 設計〕索引標籤。

STEP03 點按〔SmartArt 樣式〕群組中的〔其他〕選項。

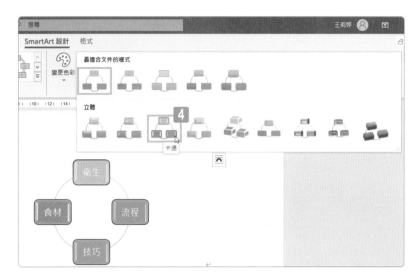

STEP**04**

選擇〔立體〕群組中的〔卡通〕樣式。

將第 1 頁底端的圖片更改文繞圖為「緊密」。

評量領域：插入圖形元素並設定其格式
評量目標：設定圖形和文字方塊的格式
評量技能：格式化圖形元件

解題步驟

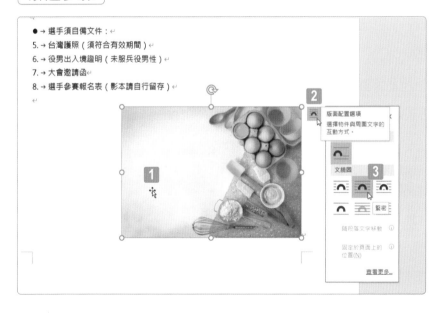

STEP**01**

選取第一頁最下方的圖片。

STEP**02**

點按圖片右上角的〔版面配置選項〕智慧標籤。

STEP**03**

點按文繞圖中〔緊密〕按鈕。

專案 7　健康運動休閒會館

你正準備將會館運動設施相關資訊寄發給所有會員。

請將文件套用樣式集「線條 (簡單)」。

評量領域：管理文件
評量目標：格式化文件
評量技能：套用文件樣式集

解題步驟

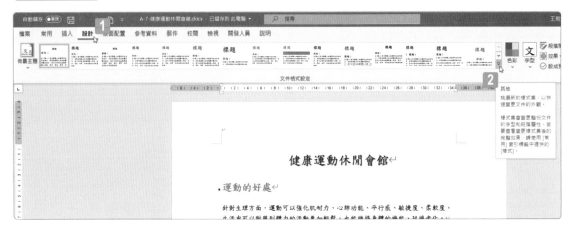

STEP 01　開啟健康運動休閒會館文件後，點按〔設計〕索引標籤。

STEP 02　點按〔文件格式設定〕群組中的〔其他〕選單按鈕。

STEP 03　點按〔內建〕群組中的〔線條 (簡單)〕。

針對表格的第一欄文字套用「強調粗體」樣式。

評量領域：插入與格式文字、段落和章節

評量目標：格式化文字和段落

評量技能：套用內建樣式至文字

解題步驟

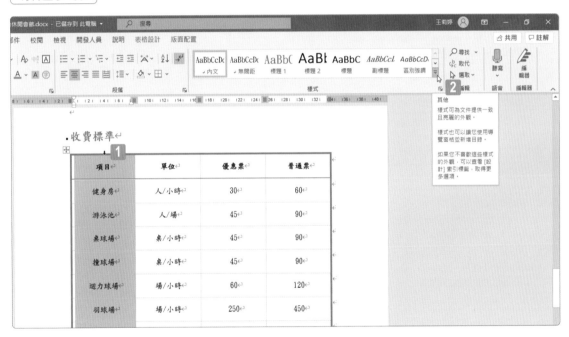

STEP01 將游標停在表格第一欄上方，呈現向下實心黑色箭頭時，單擊滑鼠左鍵一下，以選取表格第一欄。

STEP02 點按〔常用〕索引標籤〔樣式〕群組的〔其他〕選項。

STEP03 選單中選擇〔強調粗體〕樣式。

於標題「場館介紹」前方插入接續本頁的分節符號。

評量領域：插入與格式文字、段落和章節
評量目標：建立和設定文件章節
評量技能：插入分頁、分節、分欄符號

解題步驟

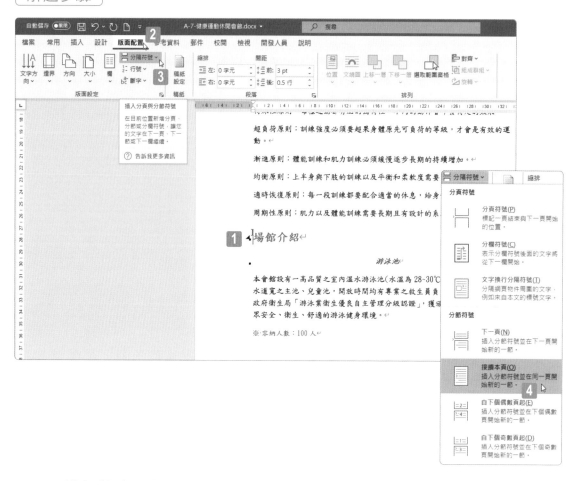

STEP01　游標停駐在第一頁的〔場館介紹〕之前。

STEP02　點按〔版面配置〕索引標籤。

STEP03　點按〔版面設定〕群組中的〔分隔符號〕命令按鈕。

STEP04　選擇選單中〔分節符號〕群組裡的〔接續本頁〕。

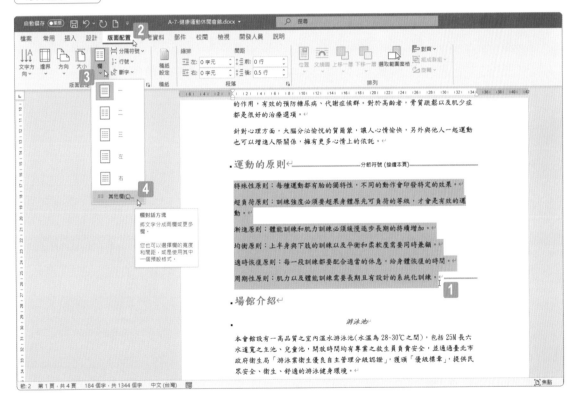

將「運動的原則」標題下方的六個段落（特殊性原則至周期性原則）分為兩欄，並顯示分隔線。

評量領域：插入與格式文字、段落和章節
評量目標：建立和設定文件章節
評量技能：將文字格式設定為多欄

解題步驟

STEP01 將運動的原則下方之段落「特殊性」到「系統化訓練。」選取起來。

STEP02 點按〔版面配置〕索引標籤。

STEP03 點按〔版面設定〕群組中的〔欄〕命令按鈕。

STEP04 在展開的欄選單中選擇〔其他欄〕。

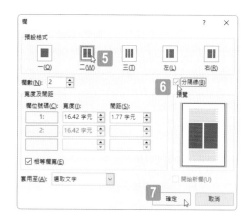

STEP05

在〔欄〕視窗中的預設格式選擇〔二〕欄。

STEP06

勾取〔分隔線〕核取方塊。

STEP07

點按〔確定〕。

修改表格的設定，使其標題列會自動在每一頁最上方重複顯示。

評量領域：管理表格和清單

評量目標：修改表格

評量技能：設定重複列標題

解題步驟

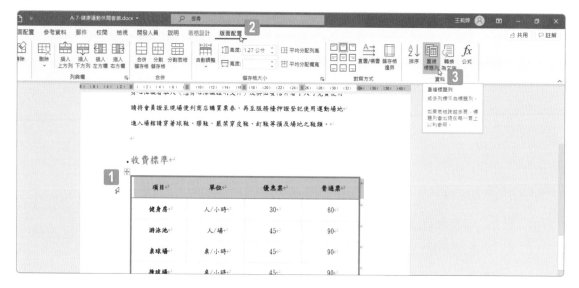

STEP01　將表格第一列的所有儲存格選取起來。

STEP02　點按表格的〔版面配置〕索引標籤。

STEP03　點按〔資料〕群組中的〔重複標題列〕命令按鈕。

在「注意事項」下方段落的空白列，插入圖片資料夾中的「游泳池」圖片。

評量領域：插入圖形元素並設定其格式

評量目標：插入圖形及文字方塊

評量技能：插入圖片

解題步驟

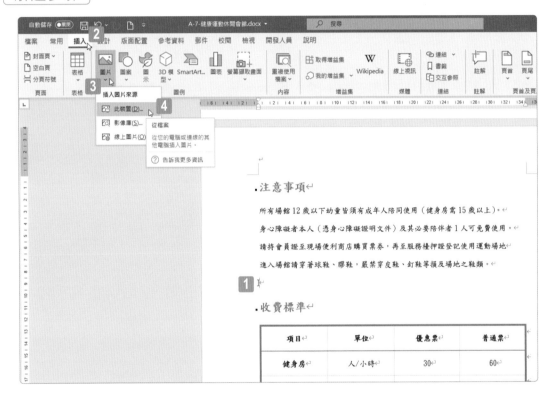

STEP01　將游標停駐在注意事項區段中最下方的空白段落。

STEP02　點按〔插入〕索引標籤。

STEP03　點按〔圖例〕群組中的〔圖片〕命令按鈕。

STEP04　〔插入圖片來源〕選單中選擇〔此裝置〕。

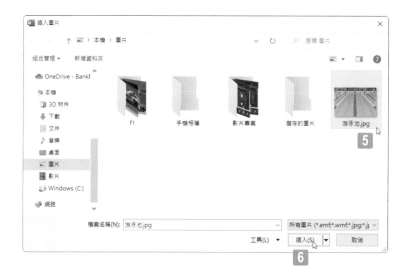

STEP05 在〔插入圖片〕視窗中，於〔圖片〕資料夾中選擇「游泳池 .jpg」。

STEP06 點按〔插入〕按鈕。

04

模擬試題 II

此小節設計了一組包含 **Word** 各項必備基礎技能的評量實
作題目,可以協助讀者順利挑戰各種與 **Word** 相關的基本
認證考試,共計有 **8** 個專案。

期末報告資料

你在期末小組報告中，找尋了相關資料並且撰寫了自己的講稿。你需要把你整理的資料傳送給負責製作 PowerPoint 的組員。

1

將這份文件另存為檔案名稱「SWOT 與 BCG 矩陣」的純文字檔，並且將檔案儲存在 [文件] 資料夾中。

評量領域：管理文件
評量目標：儲存與共用文件
評量技能：以其他檔案格式儲存文件

解題步驟

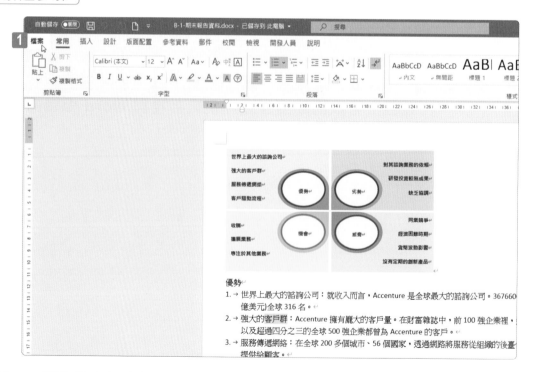

STEP**01** 開啟期末報告資料檔案後，點選左上角的〔檔案〕索引標籤。

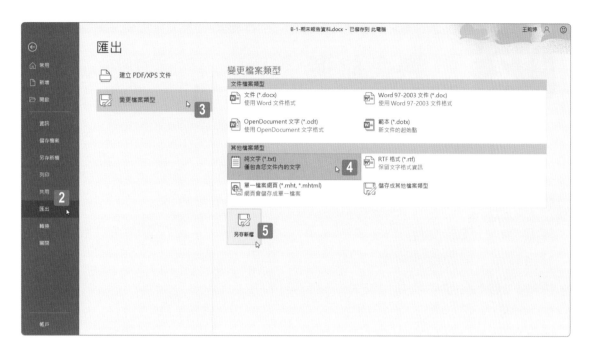

STEP**02** 點按〔匯出〕。

STEP**03** 在匯出視窗中,左邊選擇〔變更檔案類型〕。

STEP**04** 在變更檔案類型的視窗中點選〔純文字 (*.txt)〕按鈕。

STEP**05** 點選下方的〔另存新檔〕。

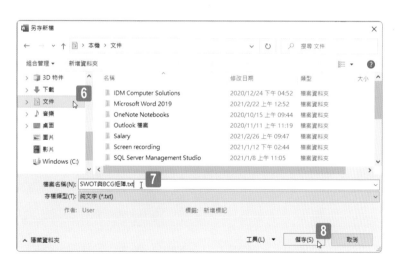

STEP**06** 選擇〔文件〕資料夾。

STEP**07** 在〔檔案名稱〕的文字方塊輸入「SWOT 與 BCG 矩陣」。

STEP**08** 點按〔儲存〕。

專案 **2** 奈良旅遊

請你檢查櫻花旅行社的一份宣傳單。

1

將文件受保護的模式取消。

評量領域：管理文件

評量目標：儲存與共用文件

評量技能：有效率地共用文件

解題步驟

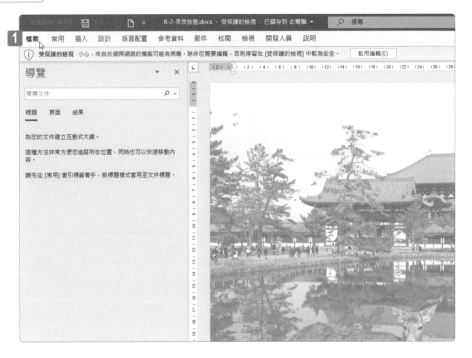

STEP**01** 開啟奈良旅遊檔案後，點選左上角的〔檔案〕索引標籤。

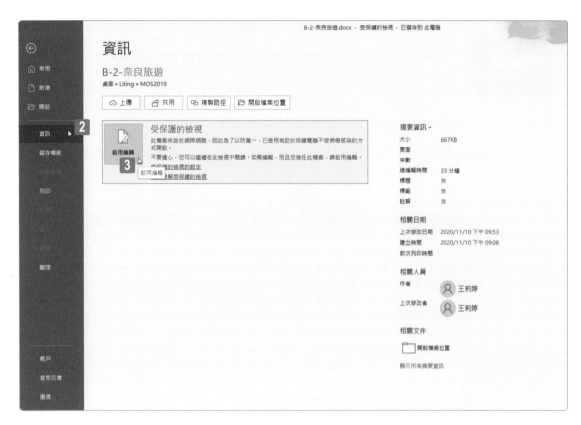

STEP**02** 點按〔資訊〕。

STEP**03** 在資訊視窗中，點按選擇〔啟用編輯〕。

專案 3　功能比較對照與評量報告

你有一份針對 ABC 公司的 Web EP 企業入口網站系統進行實際測試，並提出功能層面的評量，與 Microsoft 的 SharePoint 進行功能比對的報告正在撰寫。

| 1 | 2 | 3 | 4 | 5 | 6 |

在文件中找到詞語「技巧」，並且將它刪除。

評量領域：管理文件
評量目標：導覽文件
評量技能：搜尋文字

解題步驟

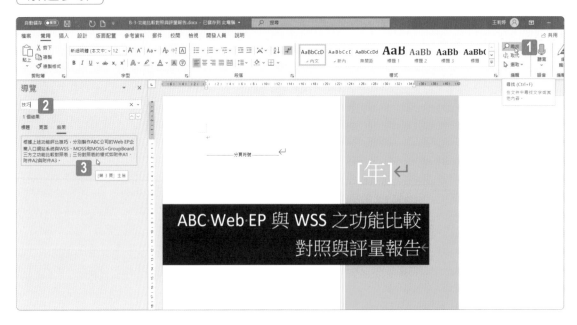

STEP01　開啟功能比較對照與評量報告檔案後，點選〔常用〕索引標籤中〔編輯〕群組的〔尋找〕命令按鈕。

STEP02　在〔導覽〕視窗中輸入「技巧」。

STEP03　按一下找到的一筆結果資料。

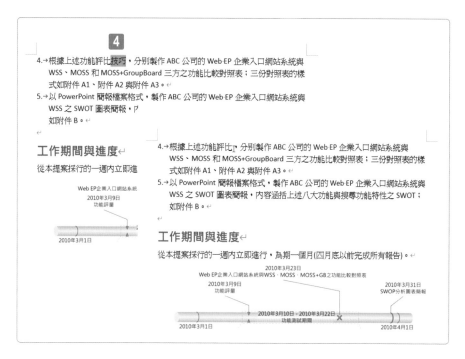

STEP**04** 直接利用鍵盤的 Delete 鍵或 Backspace 鍵將內容刪除。

將整份文件中的「SWOT」，透過 Word 的功能，替換成「SWOT 分析」。

評量領域：插入與格式文字、段落和章節

評量目標：插入文字和段落

評量技能：尋找並取代文字

解題步驟

STEP **01**　點按〔常用〕索引標籤。

STEP **02**　點按〔編輯〕群組中的〔取代〕命令按鈕。

STEP **03**　在跳出來的〔尋找及取代〕視窗中的〔取代〕標籤下，〔尋找目標〕
　　　　輸入「SWOT」，〔取代為〕輸入「SWOT 分析」。

STEP **04**　點按〔全部取代〕。

STEP **05**　總共有 4 筆資料取代成功。點按〔確定〕，並關閉〔尋找及取代〕
　　　　視窗。

將「個人子網站的機能管理之評量」區段中，「個人排程功能測試功能如下：」下方的四個段落利用定位點分隔轉換成表格，並且接受預設的自動調整。

評量領域：管理表格和清單
評量目標：建立表格
評量技能：將文字轉換為表格

解題步驟

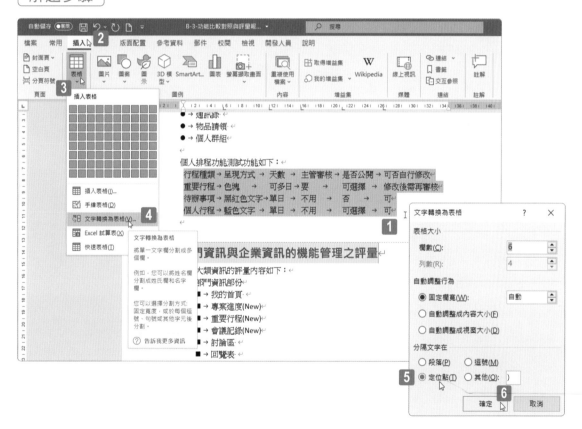

STEP01 將第九頁中「行程種類」到「可」的四個段落全部選取起來。

STEP02 點按〔插入〕索引標籤。

STEP03 點按〔表格〕群組中的〔表格〕命令按鈕。

STEP04 插入表格清單中點按〔文字轉換為表格〕。

STEP05 〔文字轉換為表格〕視窗中，〔分隔文字在〕點按〔定位點〕。

STEP06 不更改其他預設資訊，按下〔確定〕按鈕。

在第 2 頁的「目錄頁」下方的空白段落插入自動目錄 2 樣式的目錄。

評量領域：建立和管理參照

評量目標：建立和管理參照表格

評量技能：插入目錄

解題步驟

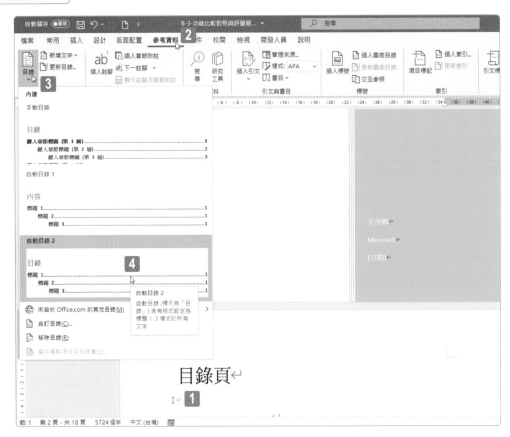

STEP01　將游標停駐在第二頁目錄頁下方的空白段落。

STEP02　點按〔參考資料〕索引標籤。

STEP03　點按〔目錄〕群組中的〔目錄〕命令按鈕。

STEP04　在展開的〔內建〕選單中點按〔自動目錄 2〕。

於第 7 頁評量依據標題上方的紫色文字方塊插入文字「評量工作執行情形」。

評量領域：插入圖形元素並設定其格式

評量目標：在圖形元件中新增文字

評量技能：在文字方塊中新增並編輯文字

解題步驟

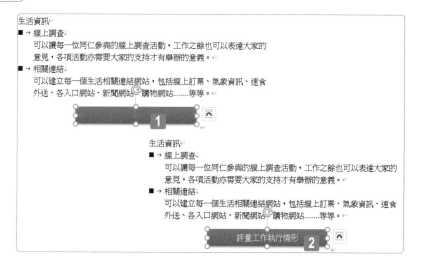

STEP**01**　找到第七頁中間的紫色文字方塊，按一下中間段落符號的地方開始編輯內容。

STEP**02**　鍵入「評量工作執行情形」。

刪除標題「部門資訊與企業資訊的機能管理之評量」的註解。

評量領域：管理文件協同作業

評量目標：新增與管理註解

評量技能：刪除註解

解題步驟

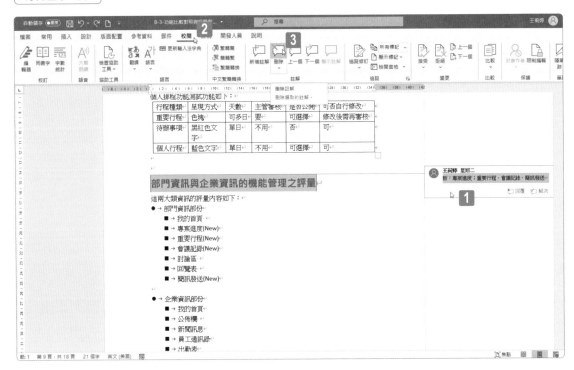

STEP **01** 點一下第九頁的註解內容（如果未顯示，可以點選〔校閱〕索引標籤中〔註解〕群組裡的〔下一個〕命令按鈕）。

STEP **02** 點按〔校閱〕索引標籤。

STEP **03** 點按〔註解〕群組中的〔刪除〕命令按鈕。

專案 **4**　台北市親山步道

臺北盆地四周青山羅列，位於盆地中的台北市，坐擁如此豐富的自然景觀，市政府特別闢建了20條親山步道，供市民尋訪山林、親近自然，或休閒遊憩，或運動健身，你正在整理台北市的親山步道路線。

在檔案屬性中，新增標題為「親山步道」。

評量領域：管理文件

評量目標：儲存與共用文件

評量技能：修改基本的文件屬性

解題步驟

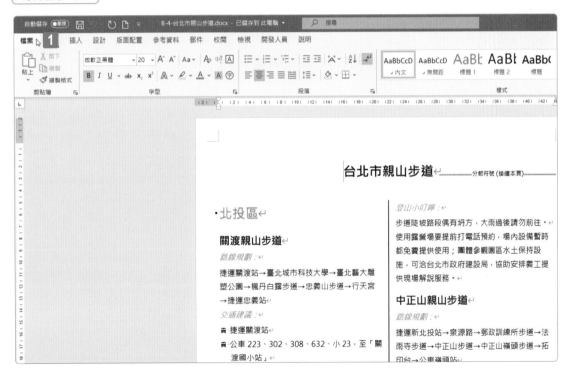

STEP01　開啟台北市親山步道檔案後，點選左上角的〔檔案〕索引標籤。

STEP **02** 點選〔資訊〕。

STEP **03** 在右邊的〔摘要資訊〕找到〔標題〕,於後方的文字方塊輸入「親山步道」。

STEP **04** 點選左上方的返回箭頭回到文件編輯頁面。

第 1 頁，第 2 欄「中正山親山步道」下方交通建議，將「捷運新北投站」的文字格式複製給下一個段落（公車 219……）。

評量領域：插入與格式文字、段落和章節
評量目標：格式化文字和段落
評量技能：使用複製格式套用格式設定

解題步驟

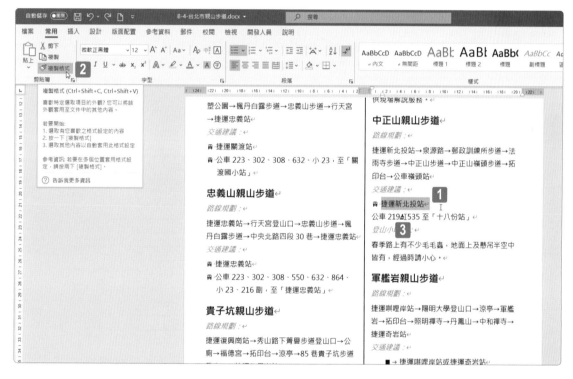

STEP**01** 將「捷運新北投站」整個段落選起來。

STEP**02** 點按〔常用〕索引標籤中〔剪貼簿〕群組中的〔複製格式〕命令按鈕。

STEP**03** 此時游標會變成刷子的造型，停在要變更的段落「公車 219、585 至十八份站」上，單擊滑鼠一下即可套用格式。

| 1 | 2 | 3 | 4 | 5 | 6 |

將步道整理下方的表格依序針對步行時間（遞增），路徑長度（遞減）進行排序。

評量領域：管理表格和清單

評量目標：修改表格

評量技能：排序表格資料

解題步驟

STEP01 找到第五頁中的表格，將游標點擊於表格中任意位置。

STEP02 點按表格的〔版面配置〕索引標籤。

STEP03 點按〔資料〕群組中的〔排序〕命令按鈕。

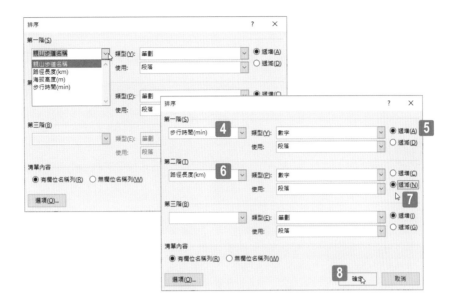

STEP**04** 第一層的下拉式選單選取〔步行時間 (min)〕。

STEP**05** 第一層最右方的選項按鈕選擇〔遞增〕。

STEP**06** 第二層的下拉式選單選取〔路徑長度 (km)〕。

STEP**07** 第二層最右方的選項按鈕選擇〔遞減〕。

STEP**08** 點按〔確定〕按鈕。

| 1 | 2 | 3 | 4 | 5 | 6 |

將軍艦岩親山步道，交通建議下方段落「捷運唭哩岸站或捷運奇岩站」清單層級更改為第一級。

評量領域：管理表格和清單

評量目標：建立和修改清單

評量技能：增加或減少清單層級

解題步驟

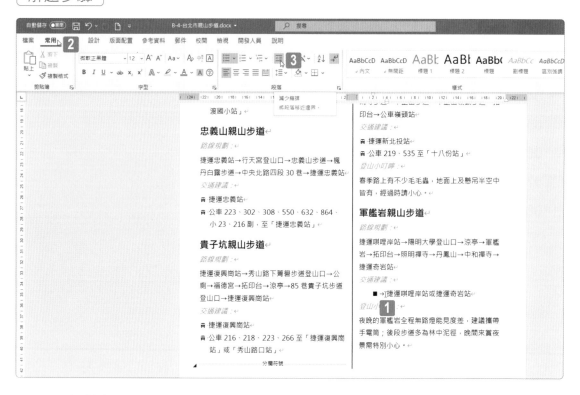

STEP**01** 將游標選定在第一頁第二欄，軍艦岩親山步道下「捷運唭哩岸站或捷運奇岩站」段落上。

STEP**02** 點按〔常用〕索引標籤。

STEP**03** 點按〔段落〕群組中的〔減少縮排〕命令按鈕。

在第三頁，第二欄「麗山橋口親山步道」區段最下方的空白段落，使用 3D 模型功能插入 [3D 物件] 資料夾中的山坡模型，並設定與文字排列。

評量領域：插入圖形元素並設定其格式
評量目標：插入及設定圖形及文字方塊
評量技能：插入並格式化 3D 模型

解題步驟

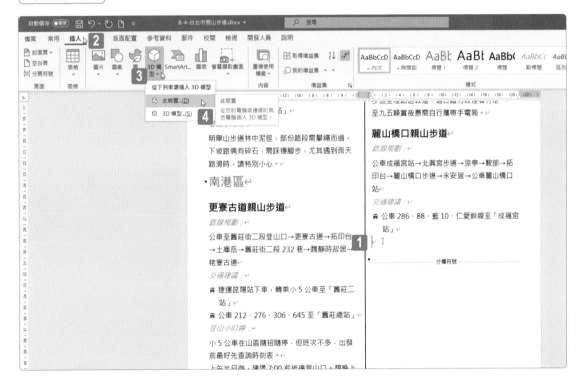

STEP01 將游標停駐在第三頁、第二欄〔麗山橋口親山步道〕區段最下方的空白段落。

STEP02 點按〔插入〕索引標籤。

STEP03 再點擊〔圖例〕群組的〔3D 模型〕命令按鈕下半部含有向下箭頭的區塊。

STEP04 〔從下列來源插入 3D 模型〕選單中選擇〔此裝置〕。

STEP**05** 在〔插入 3D 模型〕視窗中的〔3D 物件〕資料夾裡找到檔案「山坡 .3mf」檔案。

STEP**06** 點擊〔插入〕按鈕進行 3D 圖片的插入。

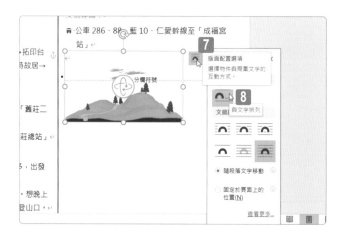

STEP**07** 點按 3D 模型右上方的〔版面配置選項〕智慧標籤。

STEP**08** 選擇〔與文字排列〕群組中的〔與文字排列〕。

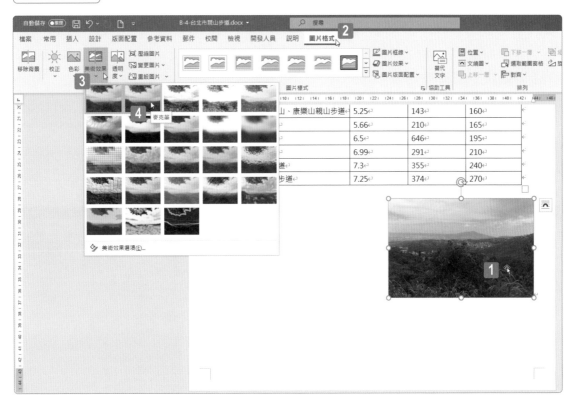

| 1 | 2 | 3 | 4 | 5 | 6 |

對「步道整理」區段表格下方的圖片套用「麥克筆」美術效果。

評量領域：插入圖形元素並設定其格式

評量目標：設定圖形和文字方塊的格式

評量技能：套用美術效果

解題步驟

STEP01　移至整份文件最末端，選擇最下方的圖片。

STEP02　點按〔圖片格式〕索引標籤。

STEP03　點按〔調整〕群組中的〔美術效果〕命令按鈕。

STEP04　選擇〔麥克筆〕美術效果。

專案 **5** 安順駕訓班

暑期將至，駕訓班的旺季即將到來，在同業競爭激烈的環境裡，你正在為安順駕訓班製作一份宣傳文件。

| 1 | 2 | 3 | 4 | 5 |

對整個文件增加 [青色 , 輔色 1, 較淺 40%]、寬度 [2 1/4 pt] 的方框頁面框線。

評量領域：管理文件
評量目標：格式化文件
評量技能：設定文件頁面

解題步驟

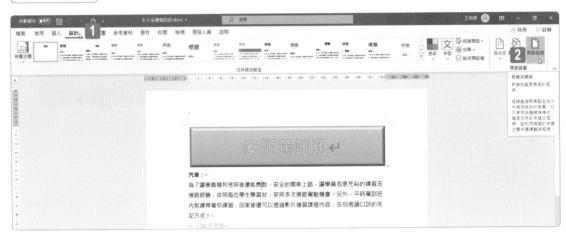

STEP**01** 開啟安順駕訓班檔案後，點選〔設計〕索引標籤。

STEP**02** 點按〔頁面背景〕群組中的〔頁面框線〕命令按鈕。

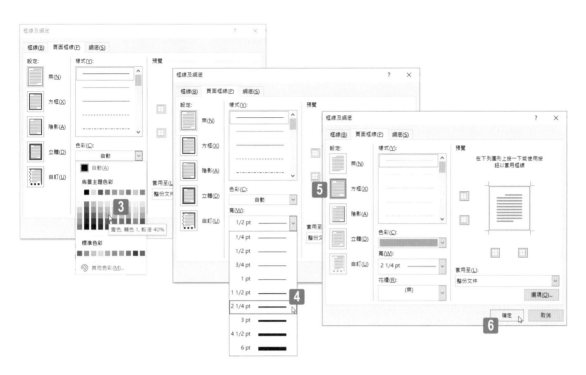

^{STEP}**03**　〔框線及網底〕視窗中，〔色彩〕選單選擇〔青色 , 輔色 1, 較淺 40%〕。

^{STEP}**04**　〔寬〕更改為〔2 1/4 pt〕。

^{STEP}**05**　最左方的〔設定〕更改為〔方框〕。

^{STEP}**06**　點按〔確定〕按鈕。

| 1 | 2 | 3 | 4 | 5 |

檢查文件,刪除找到的所有頁首、頁尾和浮水印,不要刪除其他資訊。

評量領域:管理文件

評量目標:檢查文件是否有問題

評量技能:檢查文件是否有隱藏屬性或個人資訊

解題步驟

STEP**01**

點按左上方的〔檔案〕索引標籤。

STEP**02**

左方選擇〔資訊〕。

STEP**03**

在〔資訊〕頁面中,點按〔檢查問題〕命令按鈕。

STEP**04**

選擇選單中第一個〔檢查文件〕。

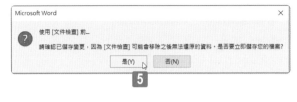

STEP**05** 如果有跳出提示訊息，選擇〔是〕。

STEP**06** 在〔文件檢查〕視窗中，不更改任何預設值，直接點按〔檢查〕按鈕。

STEP**07** 檢查結果往下捲動，點按〔頁首、頁尾及浮水印〕後方的〔全部移除〕
按鈕。

STEP**08** 確認〔頁首、頁尾及浮水印〕已被移除，前方顯示綠色勾勾後，即可
點選右下方的〔關閉〕按鈕，關閉文件檢查視窗。

| 1 | 2 | 3 | 4 | 5 |

將文件最後一段的行距更改為固定行高「18 點」。

評量領域：插入與格式文字、段落和章節

評量目標：格式化文字和段落

評量技能：設定行與段落的間距與縮排

解題步驟

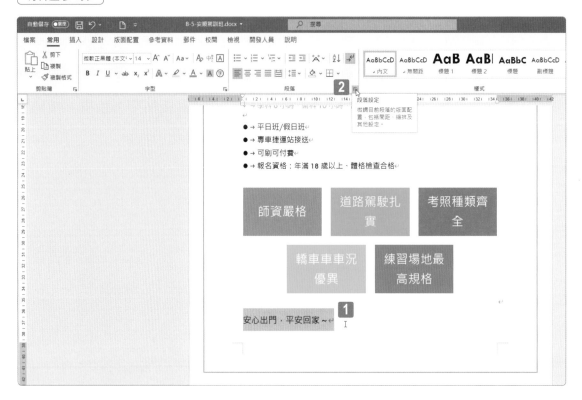

STEP01　將文件底端〔安心出門，平安回家～〕段落全部選取起來。

STEP02　點按〔常用〕索引標籤中〔段落〕群組右下角〔段落設定〕按鈕，開啟完整的段落設定視窗。

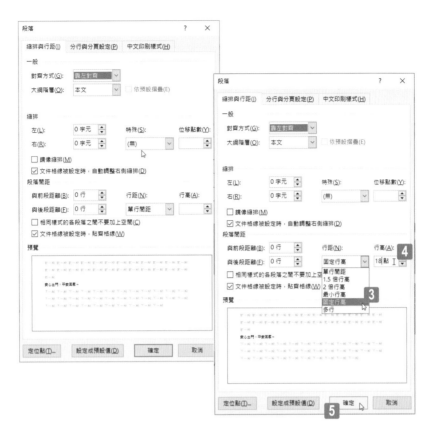

STEP**03** 〔段落〕視窗中，〔行距〕下拉式選單選擇〔固定行高〕。

STEP**04** 〔行高〕輸入〔18 點〕。

STEP**05** 點按〔確定〕按鈕。

對 SmartArt 圖示上方四個含有項目符號的段落設定為使用鮮明參考樣式。

評量領域：插入與格式文字、段落和章節

評量目標：格式化文字和段落

評量技能：套用內建樣式至文字

解題步驟

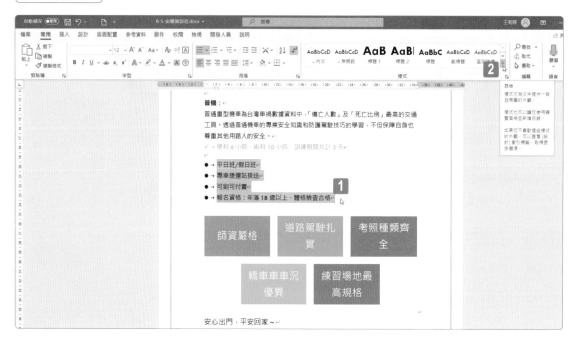

STEP01 將〔平日班〕到〔體格檢查合格〕四個段落選取起來。

STEP02 點按〔常用〕索引標籤中〔樣式〕群組上〔其他〕的向下箭頭，將整個樣式清單展開。

STEP03 在展開的選單中點按〔鮮明參考〕樣式。

1　2　3　4　5

將標題下方七個段落（汽車：……共計 3 天）設定為兩相等欄、間距「1 公分」。

評量領域：插入與格式文字、段落和章節
評量目標：建立和設定文件章節
評量技能：將文字格式設定為多欄

解題步驟

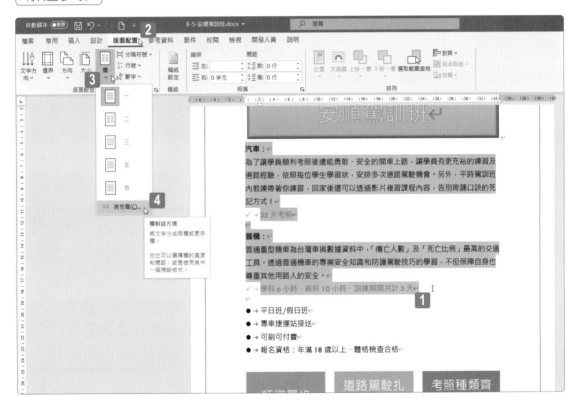

STEP**01**　將〔汽車〕到〔共計 3 天〕所有段落選取起來。

STEP**02**　點按〔版面配置〕索引標籤。

STEP**03**　選擇〔版面設定〕群組中的〔欄〕命令按鈕。

STEP**04**　在展開的選單中選擇〔其他欄〕。

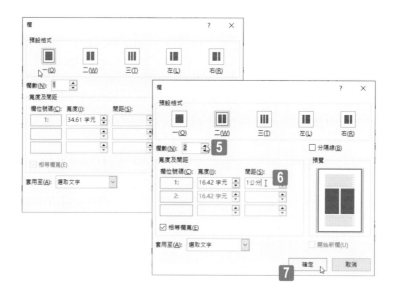

STEP**05** 　開啟〔欄〕視窗，更改〔欄數〕為「2」。

STEP**06** 　〔間距〕輸入「1公分」（注意！預設單位為字元，單位公分必須自己鍵入）。

STEP**07** 　點按〔確定〕按鈕。

專案 **6**

音速快遞

因應企業客戶、公司行號、個人較大宗的客戶需求,快遞公司推出月結的方案。你正在為此快遞公司建立一份月結帳戶申請表格。

1　2　3　4　5

更改整份文件的邊界,將上邊界及下邊界設定為「1.25 公分」,左邊界及右邊界設定為「1.3 公分」。

評量領域:管理文件
評量目標:格式化文件
評量技能:設定文件頁面

解題步驟

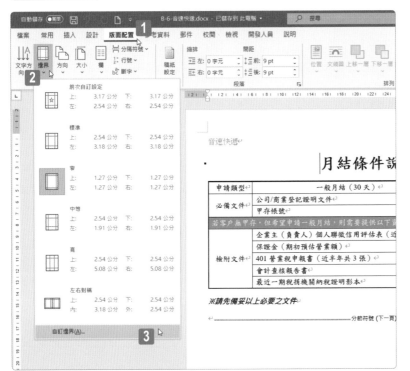

STEP01

開啟音速快遞檔案後,點選〔版面配置〕索引標籤。

STEP02

點按〔版面設定〕群組中的〔邊界〕命令按鈕。

STEP03

展開的邊界選單中選擇最下方的〔自訂邊界〕。

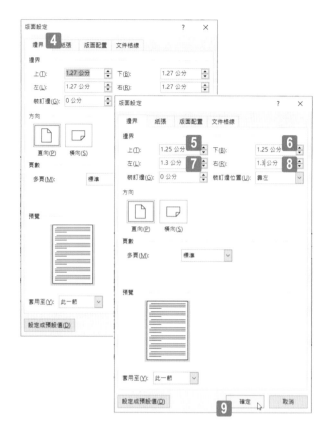

STEP**04**　開啟〔版面設定〕視窗，〔邊界〕索引標籤下更正〔邊界〕的設定值。

STEP**05**　〔上〕：「1.25 公分」。

STEP**06**　〔下〕：「1.25 公分」。

STEP**07**　〔左〕：「1.3 公分」。

STEP**08**　〔右〕：「1.3 公分」。

STEP**09**　點按〔確定〕按鈕。

1	2	3	4	5

檢查文件的協助工具,在檢查結果裡,使用第一項建議的糾正錯誤動作。

評量領域:管理文件

評量目標:檢查文件是否有問題

評量技能:檢查文件是否有協助工具問題

解題步驟

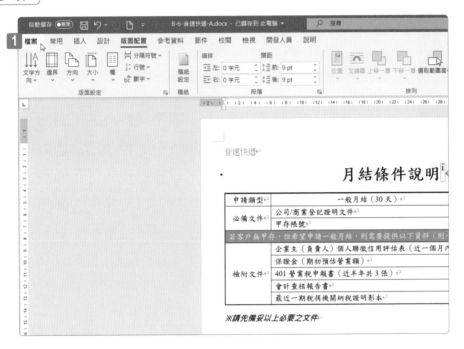

STEP01 點按左上方的〔檔案〕索引標籤。

STEP **02** 　點按〔資訊〕。

STEP **03** 　點按〔檢查問題〕功能按鈕。

STEP **04** 　在選單中點選〔檢查協助工具〕。

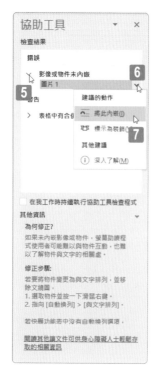

STEP **05**

在〔協助工具〕視窗的檢查結果中，展開第一項錯誤〔影像或物件未內嵌〕的錯誤。

STEP **06**

按一下〔圖片 1〕後方的箭頭開啟下拉式選單。

STEP **07**

在〔建議的動作〕下拉式選單中，點按〔將此內嵌〕選項。

1 ── **2** ── **3** ── **4** ── **5**

清除第一頁中「※ 請先備妥以上必要之文件」段落的所有格式。

評量領域：插入與格式文字、段落和章節
評量目標：格式化文字和段落
評量技能：清除格式設定

解題步驟

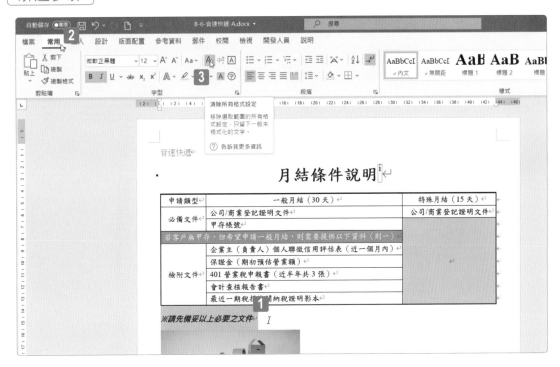

STEP**01**　將〔※ 請先備妥以上必要之文件〕整段文字選取起來。

STEP**02**　點按〔常用〕索引標籤。

STEP**03**　點按〔字型〕群組中的〔清除所有格式設定〕命令按鈕。

設定「月結條件說明」標題下方的表格，儲存格間距為「0.06 公分」

評量領域：管理表格和清單

評量目標：修改表格

評量技能：設定儲存格邊界與間距

解題步驟

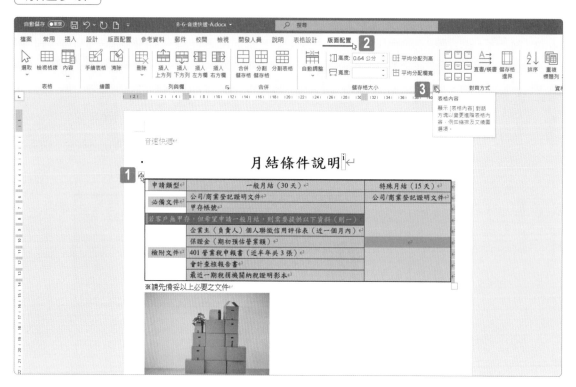

STEP**01** 單擊滑鼠左鍵一下，利用表格左上方的圖示將個表格選取起來。

STEP**02** 點按表格的〔版面配置〕索引標籤。

STEP**03** 〔儲存格大小〕群組中點開〔表格內容〕按鈕。

^{STEP}**04**　〔表格內容〕視窗中的〔表格〕索引標籤，點擊右下方的〔選項〕。

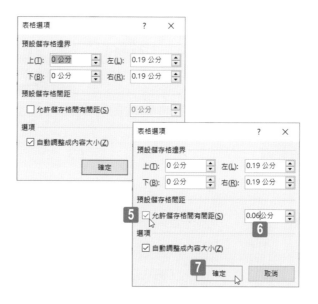

^{STEP}**05**　〔表格選項〕視窗，〔預設儲存格間距〕標題下方，勾取〔允許儲存格間有間距〕核取方塊。

^{STEP}**06**　將〔允許儲存格間有間距〕後方的間距更改為「0.06 公分」。

^{STEP}**07**　點按〔確定〕按鈕。

將文件中所有章節附註轉換為註腳。

評量領域：建立和管理參照
評量目標：建立和管理參照元件
評量技能：修改註腳與章節附註屬性

解題步驟

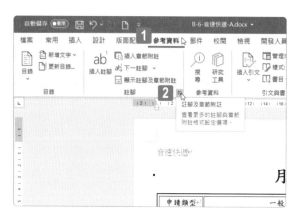

STEP01　點按〔參考資料〕索引標籤。

STEP02　選擇〔註腳〕群組中右下方的展開箭頭，開啟〔註腳及章節附註〕。

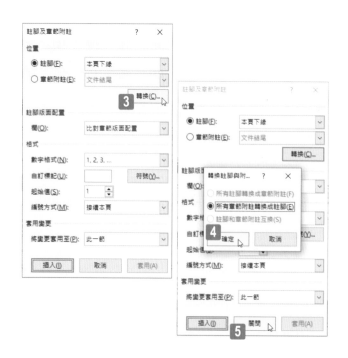

STEP03

在〔註腳及章節附註〕視窗中〔位置〕群組選擇〔轉換〕。

STEP04

選擇〔所有章節附註轉換成註腳〕，點按〔確定〕按鈕。

STEP05

點按〔關閉〕按鈕關閉視窗。

專案 **7**　　藝 **fun** 券小補帖

你正在整理台北市南港區藝 fun 券使用的注意事項。

在文件第一頁以外的所有頁面套用鏤空花紋頁尾。

評量領域：管理文件
評量目標：格式化文件
評量技能：插入與編輯頁首和頁尾

解題步驟

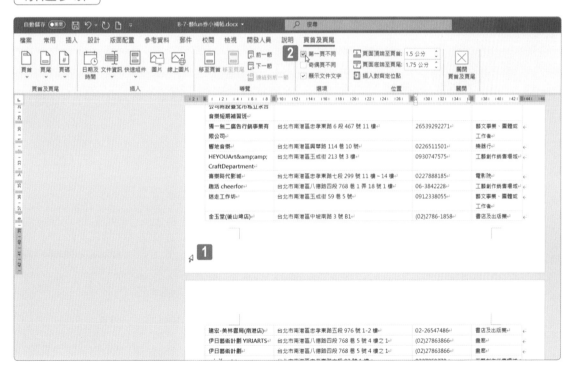

STEP**01**　到第二頁的頁面最底端，將游標停在頁面最下方邊界以外空白的地方，快速連擊滑鼠左鍵兩下，進入頁首頁尾編輯模式。

STEP**02**　將〔頁首及頁尾〕索引標籤裡〔選項〕群組中〔第一頁不同〕核取方塊打勾。

STEP**03** 點按〔頁首及頁尾〕群組中的〔頁尾〕命令按鈕。

STEP**04** 在選單中找到並點擊〔鏤空花紋〕頁尾。

在「藝 fun 券藝文類型」區段中，「博物館」前方插入 [Webdings] 字型，字元代碼「71」的符號。

評量領域：插入與格式文字、段落和章節
評量目標：插入文字和段落
評量技能：插入特殊符號和特殊字元

解題步驟

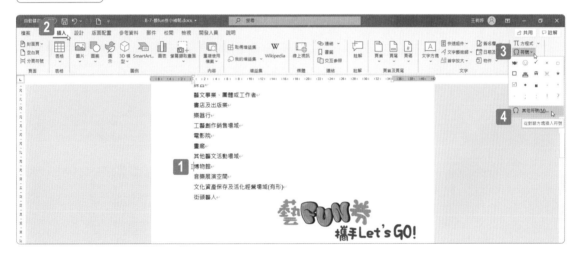

STEP01　將游標停駐在第一頁的〔博物館〕段落最前方。

STEP02　點按〔插入〕索引標籤。

STEP03　選擇〔符號〕群組中的〔符號〕命令按鈕。

STEP04　在展開的選單中選擇最下方的〔其他符號〕。

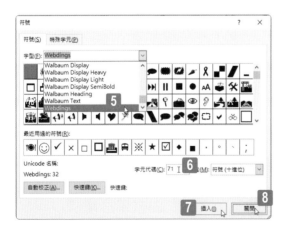

STEP05　〔符號〕視窗中的〔符號〕索引標籤展開〔字型〕的下拉式選單選擇〔Webdings〕。

STEP06　〔字元代碼〕輸入「71」。

STEP07　點按〔插入〕按鈕將圖示插入到剛剛選擇的位置。

STEP08　點按〔關閉〕關閉〔符號〕視窗。

將整份文件的行距設定為「0.9」倍行高。

評量領域：插入與格式文字、段落和章節

評量目標：格式化文字和段落

評量技能：設定行與段落的間距與縮排

解題步驟

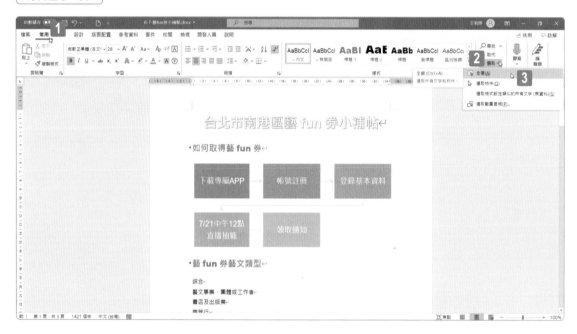

STEP01 點按〔常用〕索引標籤。

STEP02 選擇〔編輯〕群組裡的〔選取〕命令按鈕。

STEP03 從展開的選單中選擇〔全選〕。

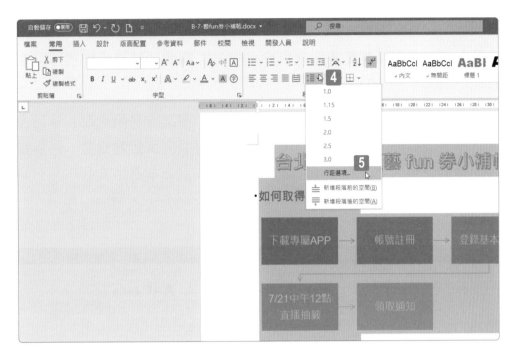

^{STEP}**04** 點擊〔段落〕群組中的〔行距與段落間距〕命令按鈕。

^{STEP}**05** 展開的選單中選擇〔行距選項〕。

^{STEP}**06**

〔段落〕視窗中的〔段落間距〕群組裡〔行距〕
更改為〔多行〕。

^{STEP}**07**

〔行高〕輸入「0.9」。

^{STEP}**08**

點按〔確定〕按鈕。

| 1 | 2 | 3 | 4 | 5 | 6 |

於「藝 fun 券可以使用場所」區段中，對第二欄的清單繼續編號，使整個清單顯示編號 1 到 16。

評量領域：管理表格和清單
評量目標：建立和修改清單
評量技能：重新開始或繼續清單編號

解題步驟

STEP01 將游標停在〔1. 文創聚落書店〕的 1 上方，點擊滑鼠右鍵一下。

STEP02 從選單中選擇〔繼續編號〕。

①—②—③—④—⑤—⑥

對「如何取得藝 fun 券」區段中的整個 SmartArt 圖形設定鮮明效果圖案效果。

評量領域：插入圖形元素並設定其格式
評量目標：設定圖形和文字方塊的格式
評量技能：格式化 SmartArt 圖形

解題步驟

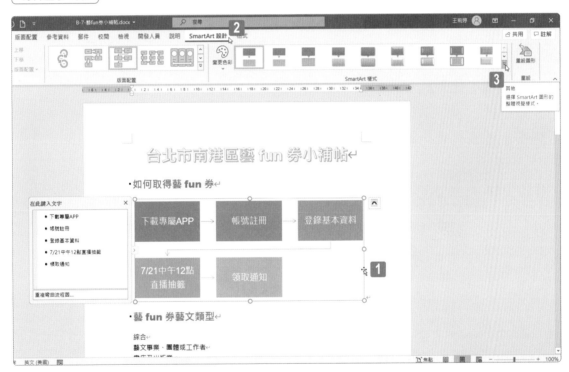

STEP**01** 點按「如何取得藝 fun 券」下方的 SmartArt 圖型（確認游標點在最外框的選取線上）。

STEP**02** 點按〔SmartArt 設計〕索引標籤。

STEP**03** 點按〔SmartArt 樣式〕群組中的〔其他〕選項。

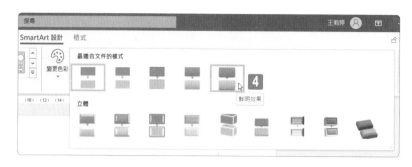

^{STEP}**04** 選擇〔最適合文件的樣式〕群組中的〔鮮明效果〕樣式。

「藝 fun 券藝文類型」區段中的圖片更改文繞圖為文字在前。

評量領域：插入圖形元素並設定其格式

評量目標：設定圖形和文字方塊的格式

評量技能：格式化圖形元件

解題步驟

^{STEP}**01** 選取第一頁最下方的圖片。

^{STEP}**02** 點按圖片右上角的〔版面配置選項〕智慧標籤。

^{STEP}**03** 點按文繞圖中〔文字在前〕按鈕。

專案 8　歐式戶外婚禮

一年一度的婚紗展即將到來，你正在為公司製作婚禮方案宣傳單，希望可以以下殺的優惠以及精緻的菜單吸引更多的新人參考。

1　2　3　4　5

針對文件套用線條（特殊）樣式。

評量領域：管理文件

評量目標：格式化文件

評量技能：套用文件樣式集

解題步驟

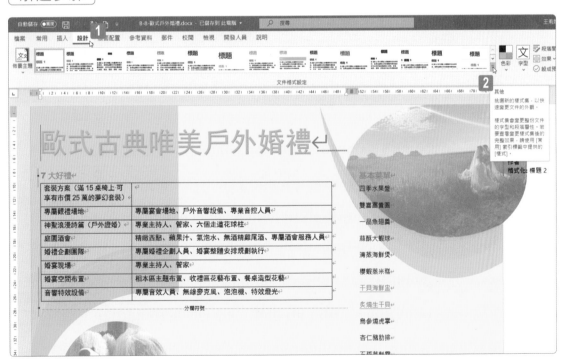

STEP01　開啟歐式戶外婚禮文件後，點按〔設計〕索引標籤。

STEP02　點按〔文件格式設定〕群組中的〔其他〕選單按鈕。

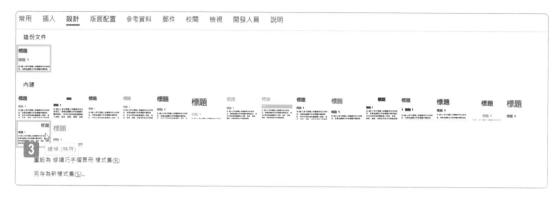

STEP**03** 點按〔內建〕群組中的〔線條 (特殊)〕樣式。

接受文件修訂中的所有插入和刪除的變更,並且拒絕所有格式更改。

評量領域:管理文件協同作業

評量目標:管理追蹤修訂

評量技能:接受與拒絕追蹤修訂

解題步驟

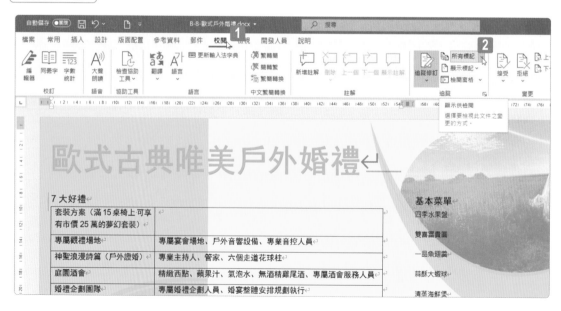

STEP**01** 點按〔校閱〕索引標籤。

STEP**02** 〔追蹤〕群組中的〔顯示供檢閱〕選擇〔所有標記〕。

STEP**03**

點按〔顯示標記〕命令按鈕。

STEP**04**

〔顯示標記〕下拉選單中,取消〔註解〕、〔設定格式〕的勾選,只留下〔插入與刪除〕的勾選。

STEP**05**

點選〔變更〕群組中的〔接受〕命令按鈕下方的小箭頭。

STEP**06**

選擇〔接受所有顯示的變更〕。

STEP**07**

點按〔顯示標記〕命令按鈕。

STEP**08**

〔顯示標記〕下拉選單中,取消〔插入與刪除〕的勾選,只留下〔設定格式〕的勾選。

STEP**09**

點選〔變更〕群組中的〔拒絕〕命令按鈕下方的小箭頭。

STEP**10**

選擇〔拒絕所有顯示的變更〕。

1 — **2** — 3 — **4** — **5**

在「7 大好禮」區段，合併表格的第一列儲存格。

評量領域：管理表格和清單

評量目標：修改表格

評量技能：合併及分割儲存格

解題步驟

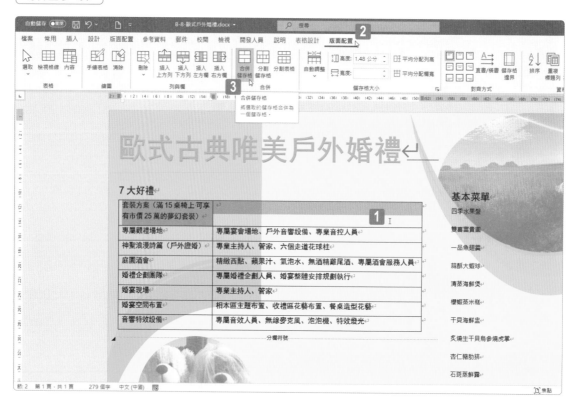

STEP**01**　將〔7 大好禮〕下方的表格第一列選取起來。

STEP**02**　點按表格的〔版面配置〕索引標籤。

STEP**03**　按一下〔合併〕群組裡的〔合併儲存格〕命令按鈕。

1 ── **2** ── **3** ── **4** ── **5**

將「基本菜單」區段下的所有段落新增項目符號清單。

評量領域：管理表格和清單

評量目標：建立和修改清單

評量技能：定義自訂項目符號字元和編號格式

解題步驟

STEP01　將〔基本菜單〕底下的所有段落選取起來。

STEP02　點按〔常用〕索引標籤。

STEP03　點按〔段落〕群組中的〔項目符號〕命令按鈕。

在「歐式古典唯美戶外婚禮」標題右側插入一個「包含電子檔版本」註腳。

評量領域：建立和管理參照

評量目標：建立和管理參照元件

評量技能：插入註腳與章節附註

解題步驟

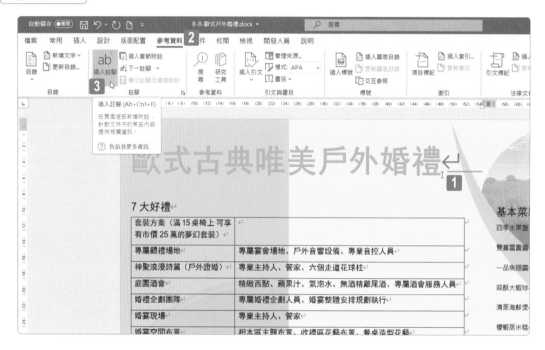

STEP 01 將游標停駐在〔歐式古典唯美戶外婚禮〕段落最後方。

STEP 02 點按〔參考資料〕索引標籤。

STEP 03 點按〔註腳〕群組裡的〔插入註腳〕命令按鈕。

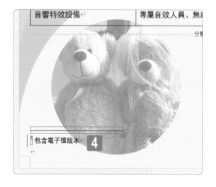

STEP 04

頁面轉跳到最下方，直接輸入文字「包含電子檔版本」。

Chapter

05

模擬試題 III

此小節設計了一組包含 **Word** 各項必備基礎技能的評量實作題目,可以協助讀者順利挑戰各種與 **Word** 相關的基本認證考試,共計有 **8** 個專案。

專案 **1**

認識專案管理

因應公司最新一期的員工訓練，本次的主題要探討專案管理的細節，你找到很久之前使用過的文件檔案想要再進行修改。

1

請你檢查要使用的文件，將文件的相容模式取消。

評量領域：管理文件

評量目標：檢查文件是否有問題

評量技能：檢查文件是否有相容性問題

解題步驟

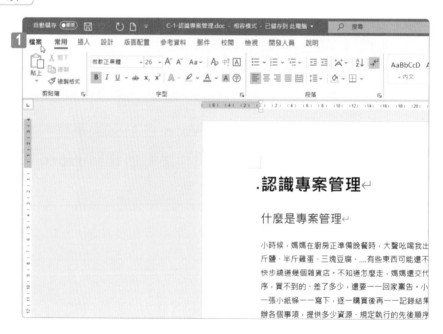

STEP**01** 開啟認識專案管理檔案後，點選左上角的〔檔案〕索引標籤。

STEP**02** 點按〔資訊〕。

STEP**03** 在資訊視窗中，點按相容模式的〔轉換〕。

STEP**04** 跳出的提醒視窗詢問是否要將文件升級至最新的檔案格式，點按〔確
定〕。

專案 **2**　開發案評量報告

針對 ABC 公司的 Web EP 企業入口網站系統進行實際測試，全泉科技有限公司提出功能層面的評量，與 Microsoft 的 SharePoint 進行功能比對。你正在編輯此份評量報告。

將整份文件中的「全泉」透過 Word 的功能，全部替換成「全泉科技」。

評量領域：插入與格式文字、段落和章節
評量目標：插入文字和段落
評量技能：尋找並取代文字

解題步驟

STEP01　開啟開發案評量報告檔案後，點按〔常用〕索引標籤。

STEP02　點按〔編輯〕群組中的〔取代〕命令按鈕。

STEP03 在跳出來的〔尋找及取代〕視窗中的〔取代〕標籤下,〔尋找目標〕
輸入「全泉」,〔取代為〕輸入「全泉科技」。

STEP04 點按〔全部取代〕。

STEP05 總共有 4 筆資料取代成功。點按〔確定〕,並關閉〔尋找及取代〕
視窗。

在文件中找到「全貌」這個詞語，並且將它刪除。

評量領域：管理文件
評量目標：導覽文件
評量技能：搜尋文字

解題步驟

STEP**01** 點選〔常用〕索引標籤中〔編輯〕群組的〔尋找〕命令按鈕。

STEP**02** 在〔導覽〕視窗中輸入「全貌」。

STEP**03** 按一下找到的一筆結果資料。

STEP**04**

直接利用鍵盤的 Delete 鍵或
Backspace 鍵將內容刪除。

刪除標題「工作期間與工作進度」的註解。

評量領域：管理文件協同作業

評量目標：新增與管理註解

評量技能：刪除註解

解題步驟

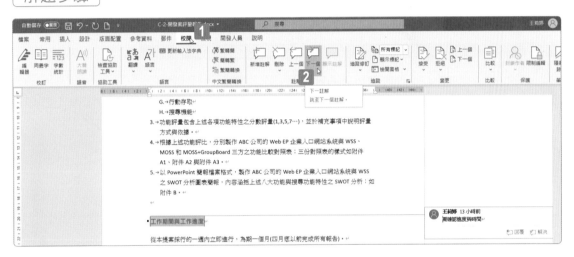

STEP01　點按〔校閱〕索引標籤。

STEP02　點按〔註解〕群組裡的〔下一個〕命令按鈕找到註解。

STEP03　點按〔註解〕群組中的〔刪除〕命令按鈕。

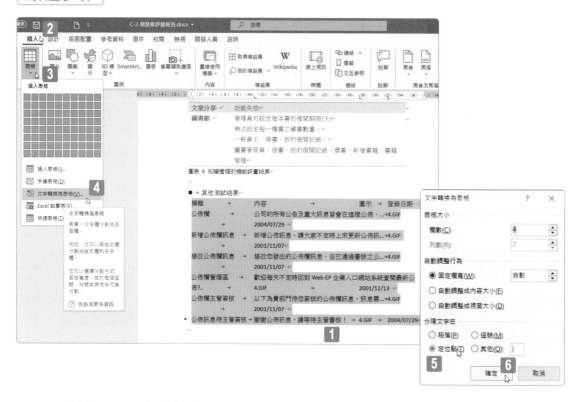

STEP01 將第 11 頁中「其他測試結果」下方的段落「標題」到「2004/07/29」的七個段落全部選取起來。

STEP02 點按〔插入〕索引標籤。

STEP03 點按〔表格〕群組中的〔表格〕命令按鈕。

STEP04 插入表格清單中點按〔文字轉換為表格〕。

STEP05 〔文字轉換為表格〕視窗中,〔分隔文字在〕區段點按〔定位點〕。

STEP06 不更改其他預設資訊,按下〔確定〕按鈕。

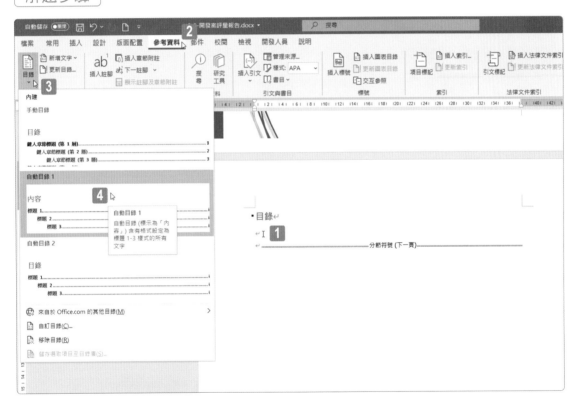

在第 2 頁目錄標題下方的空白段落插入自動目錄 1 樣式的目錄

評量領域：建立和管理參照
評量目標：建立和管理參照表格
評量技能：插入目錄

解題步驟

STEP01　將游標停駐在第二頁目錄段落下方的空白段落。

STEP02　點按〔參考資料〕索引標籤。

STEP03　點按〔目錄〕群組中的〔目錄〕命令按鈕。

STEP04　在展開的〔內建〕選單中點按〔自動目錄 1〕。

專案 **3** 專案管理的階段與要素

你要為專案進行要素以及階段分析的報告，你正對蒐集來的資料進行整理。

在「專案的三大要素」段落的開頭處新增書籤，命名為「要素」。

評量領域：管理文件

評量目標：導覽文件

評量技能：連結至文件裡的位置

解題步驟

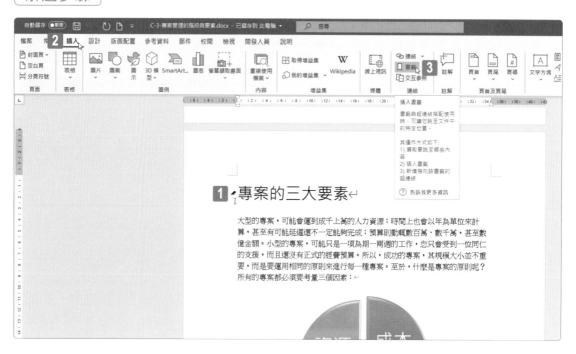

STEP**01** 開啟專案管理的階段與要素檔案後，找到「專案的三大要素」段落，使游標停駐在段落最前方。

STEP**02** 點選〔插入〕索引標籤。

STEP**03** 選擇〔連結〕群組中的〔書籤〕命令按鈕。

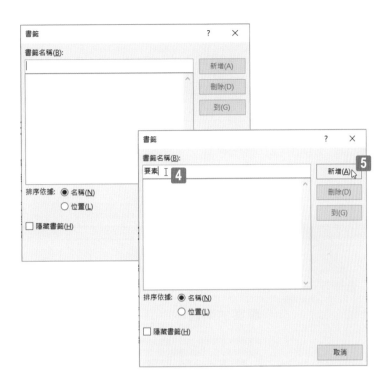

STEP**04** 開啟書籤對話方塊,於〔書籤名稱:〕下方的文字方塊輸入「要素」。

STEP**05** 按下〔新增〕按鈕。

將第一頁的 SmartArt 圖形更改為從左至右顯示。

評量領域：插入圖形元素並設定其格式

評量目標：設定圖形和文字方塊的格式

評量技能：格式化 SmartArt 圖形

解題步驟

STEP01　點按第一頁的 SmartArt 圖型（確認游標點在最外框的選取線上）。

STEP02　點按〔SmartArt 設計〕索引標籤。

STEP03　點按〔建立圖形〕群組裡的〔從右至左〕命令按鈕，將此功能關閉，使圖形可以從左至右顯示。

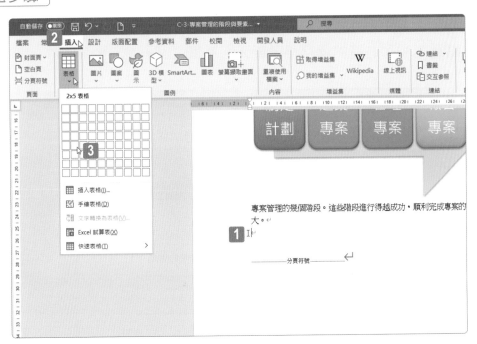

在「專案的階段」區段最下方的空白段落新增一個兩欄五列的表格。表格的第一列中，左邊欄位輸入「流程」、右邊欄位輸入「時間」。，並設定根據內容自動調整表格大小。

評量領域：管理表格和清單
評量目標：建立表格
評量技能：指定列與欄以建立表格

解題步驟

STEP01　游標點選第一頁下方，分頁符號之前的段落。

STEP02　點選〔插入〕索引標籤。

STEP03　點按〔表格〕群組中的〔表格〕命令按鈕，點一下第五列、第二欄的□，插入 2×5 表格。

STEP**04** 點選左上角第一個儲存格，輸入「流程」。

STEP**05** 點選第一列右邊的儲存格，輸入「時間」。

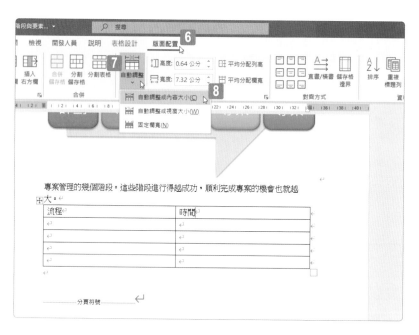

STEP**06** 點選表格的〔版面配置〕索引標籤。

STEP**07** 選擇〔儲存格大小〕群組裡的〔自動調整〕命令按鈕。

STEP**08** 選擇〔自動調整成內容大小〕。

在最後一頁的底端插入一個 [雙波浪] 圖案（具體大小不重要），設定圖案的文繞圖為文字在前，並將該圖案放置在頁面右下方。

評量領域：插入圖形元素並設定其格式
評量目標：插入圖形及文字方塊
評量技能：插入圖案

解題步驟

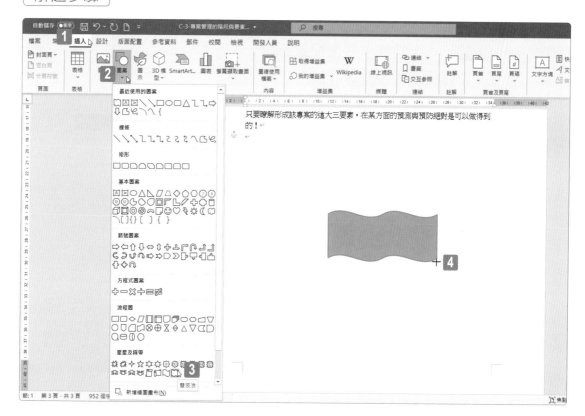

STEP01　選擇〔插入〕索引標籤。

STEP02　點選〔圖例〕群組，展開選單。

STEP03　選擇〔星星及綵帶〕裡的〔雙波浪〕圖案。

STEP04　於頁面下方的空白處隨意的拖曳出一個圖案。

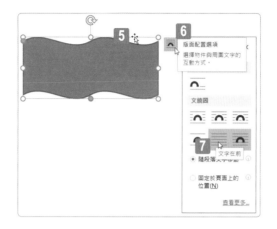

STEP**05**　滑鼠點擊一下剛剛畫出來的圖案。

STEP**06**　按一下圖示右上角的〔版面配置選項〕。

STEP**07**　選擇文繞圖欄位的〔文字在前〕。

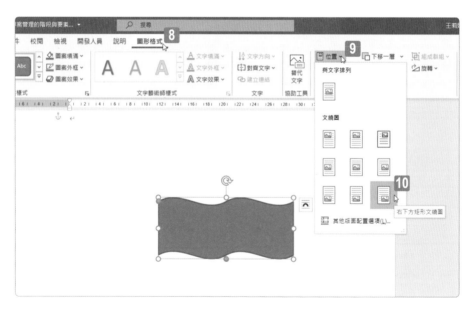

STEP**08**　選擇〔圖形格式〕索引標籤。

STEP**09**　選擇〔排列〕群組裡的〔位置〕命令按鈕。

STEP**10**　在文繞圖的部分點選〔右下方矩形文繞圖〕。

將第三頁的圖片設定圖片效果 [光暈：5 pt; 紫色，輔色 4]。

評量領域：插入圖形元素並設定其格式

評量目標：設定圖形和文字方塊的格式

評量技能：套用圖片效果和圖片樣式

解題步驟

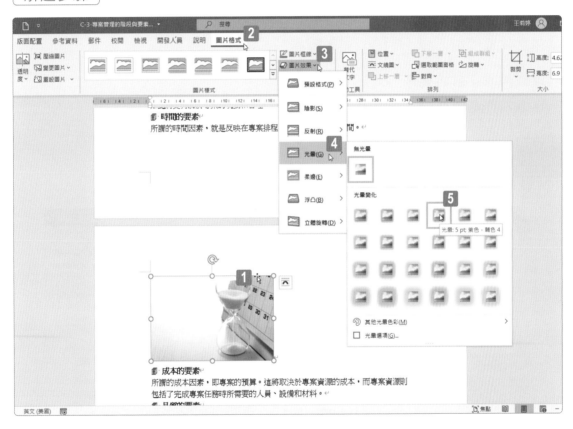

STEP01　點選第三頁最上方的圖片。

STEP02　點按〔圖片格式〕索引標籤。

STEP03　點按〔圖片樣式〕群組裡的〔圖片效果〕命令按鈕。

STEP04　圖片效果選單中選擇〔光暈〕。

STEP05　光暈選單中選擇〔光暈：5 pt; 紫色，輔色 4〕。

專案 **4**   # 酵素

近期流傳著吃酵素 Q10 可以改善心臟的疾病，Q10 到底是什麼？你正在為酵素 Q10 建立一份提供給一般民眾可以閱讀的介紹文件。

在文件屬性中，將「Q10」加入到標籤。

評量領域：管理文件
評量目標：儲存與共用文件
評量技能：修改基本的文件屬性

解題步驟

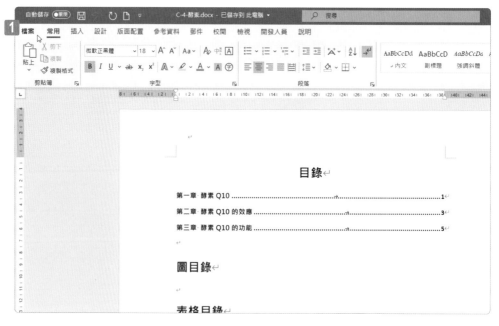

STEP**01**　開啟酵素檔案後，點選左上角的〔檔案〕索引標籤。

STEP02 點選〔資訊〕。

STEP03 在右邊的〔摘要資訊〕找到〔標籤〕，於後方的文字方塊輸入「Q10」。

STEP04 點選左上方的返回箭頭回到文件編輯頁面。

| 1 | 2 | 3 | 4 | 5 | 6 |

「酵素 Q10 的功能」區段中的項目符號更改為 [Segoe UI Emoji] 字型，字元代碼「2661」。

評量領域：管理表格和清單

評量目標：建立和修改清單

評量技能：定義自訂項目符號字元和編號格式

解題步驟

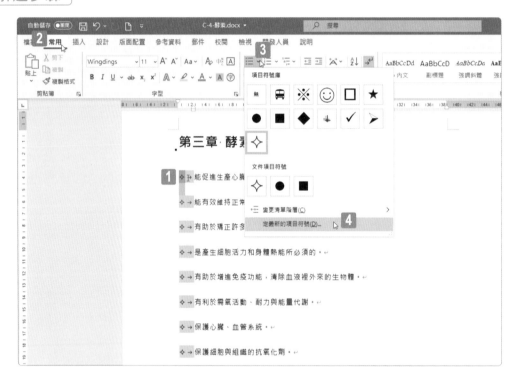

STEP01 將游標點選在〔酵素 Q10 的功能〕下方任一項目符號上。

STEP02 點按〔常用〕索引標籤。

STEP03 點按〔段落〕群組裡的〔項目符號〕命令按鈕右方的向下選單按鈕。

STEP04 於選單中選擇〔定義新的項目符號〕。

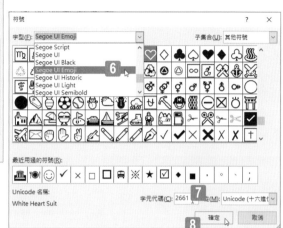

STEP**05**　在〔定義新的項目符號〕視窗中〔項目符號字元〕點按〔符號〕按鈕。

STEP**06**　跳出的〔符號〕視窗，〔字型〕下拉式選單選擇「Segoe UI Emoji」。

STEP**07**　〔字元代碼〕輸入「2661」。

STEP**08**　點按〔確定〕按鈕關閉〔符號〕視窗。

STEP**09**　在〔定義新的項目符號〕視窗的〔預覽〕窗格內可以見到新的項目符號，點按下方的〔確定〕。

「酵素 Q10 的功能」區段中，將表格第一列的所有儲存格合併。

評量領域：管理表格和清單

評量目標：修改表格

評量技能：合併及分割儲存格

解題步驟

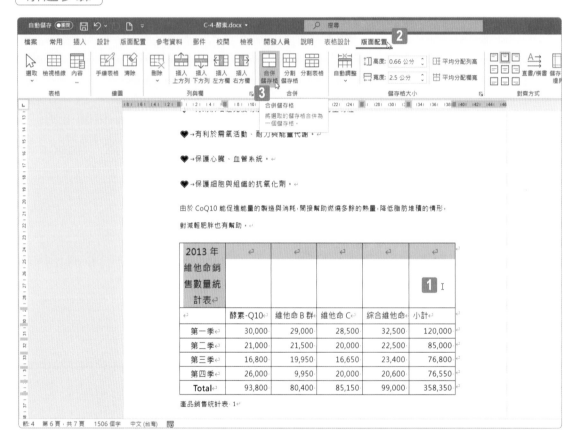

^{STEP}**01** 找到第六頁的表格，用滑鼠游標將第一列的六個儲存格選取起來。

^{STEP}**02** 選擇表格的〔版面配置〕索引標籤。

^{STEP}**03** 點選〔合併〕群組的〔合併儲存格〕命令按鈕。

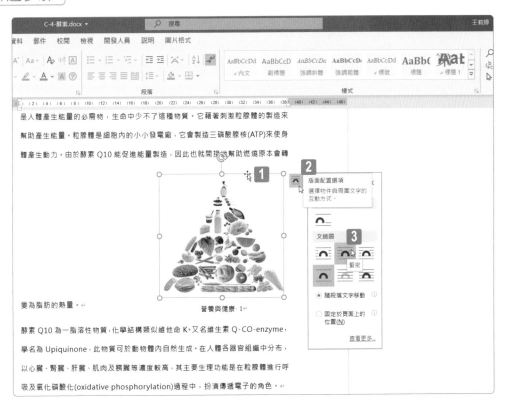

1　　**2**　　**3**　　**4**　　**5**　　**6**

將第一章的圖片「營養與健康 1」文繞圖更改為緊密。

評量領域：插入圖形元素並設定其格式
評量目標：設定圖形和文字方塊的格式
評量技能：格式化圖形元件

解題步驟

STEP01 點選第二頁的「營養與健康」圖片。

STEP02 點按右上角的〔版面配置選項〕智慧標籤。

STEP03 選擇〔文繞圖〕中的〔緊密〕按鈕。

解決「降低血壓」段落的註解。

評量領域：管理文件協同作業
評量目標：新增與管理註解
評量技能：解決註解

解題步驟

STEP01 點按第四頁〔降低血壓〕段落上的註解內容。

STEP02 於右方的窗格中點按〔解決〕。

重新產生目錄，讓目錄能夠顯示階層 1 以及階層 2 標題。

評量領域：建立和管理參照

評量目標：建立和管理參照表格

評量技能：自訂目錄

解題步驟

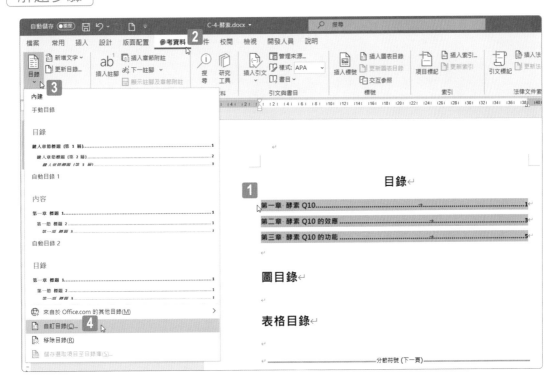

STEP**01** 捲動頁面回到第一頁目錄頁，將游標點選在標號「目錄」的前方。

STEP**02** 選擇〔參考資料〕索引標籤。

STEP**03** 點選〔目錄〕群組中的〔目錄〕命令按鈕。

STEP**04** 從展開的目錄選單中點按〔自訂目錄〕。

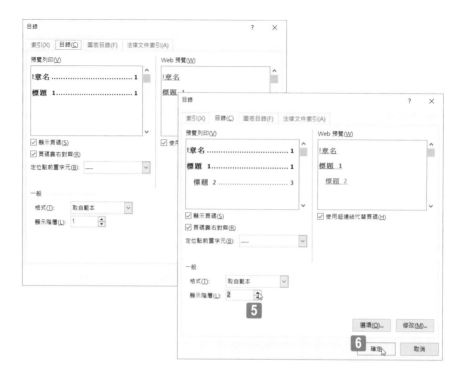

STEP**05** 更改〔目錄〕視窗中〔一般〕區塊的顯示階層為「2」，不更改其他的設定值。

STEP**06** 點按〔確定〕按鈕。

STEP**07** 是否要取代此目錄中選擇「是」。

專案 **5**

追蹤信件

你在撰寫要發送給公司客戶的信件，利用之前的信件修改過後，現在要再次過濾信件內容並準備要發送信件。

| 1 | 2 | 3 | 4 |

接受文件中所有插入和刪除的修訂、拒絕所有格式修改的變更。

評量領域：管理文件協同作業

評量目標：管理追蹤修訂

評量技能：接受與拒絕追蹤修訂

解題步驟

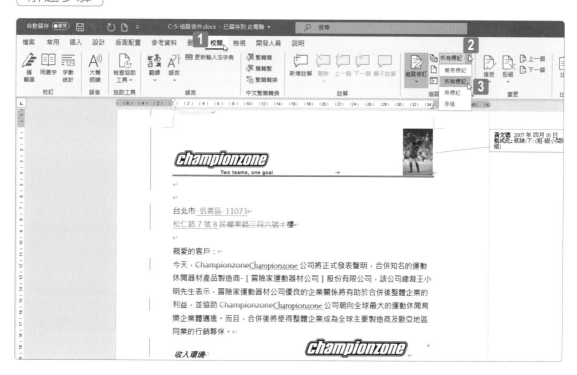

STEP**01** 開啟追蹤信件檔案後，點按〔校閱〕索引標籤。

STEP**02** 點擊〔追蹤〕群組中的〔顯示供檢閱〕命令按鈕的下拉箭頭。

STEP**03** 於下拉式選單中選擇〔所有標記〕。

STEP**04**

點按〔顯示標記〕命令按鈕。

STEP**05**

〔顯示標記〕下拉選單中，取消〔註解〕、〔設定格式〕的勾選，只留下〔插入與刪除〕的勾選。

STEP**06**

點選〔變更〕群組中的〔接受〕命令按鈕下方的小箭頭。

STEP**07**

選擇〔接受所有顯示的變更〕。

STEP**08** 點按〔顯示標記〕命令按鈕。

STEP**09** 〔顯示標記〕下拉選單中，取消〔插入與刪除〕的勾選，只留下〔設定格式〕的勾選。

STEP**10**

點選〔變更〕群組中的〔拒絕〕命令按鈕下方的小箭頭。

STEP**11**

選擇〔拒絕所有顯示的變更〕。

1　　　2　　　3　　　4

將文件頁首中的文字效果設定為預先定義的 [漸層填滿 : 青色，輔色 5; 反射]。

評量領域：插入與格式文字、段落和章節
評量目標：格式化文字和段落
評量技能：套用文字效果

解題步驟

STEP01　到頁面頂端，將游標停在上方邊界以外空白的地方，快速連擊滑鼠左鍵兩下進入頁首頁尾編輯模式。

STEP02　將頁首中所有的文字選取起來。

STEP03 點按〔常用〕索引標籤。

STEP04 點按〔字型〕群組中〔文字效果與印刷樣式〕命令按鈕。

STEP05 選擇〔漸層填滿：青色，輔色 5; 反射〕。

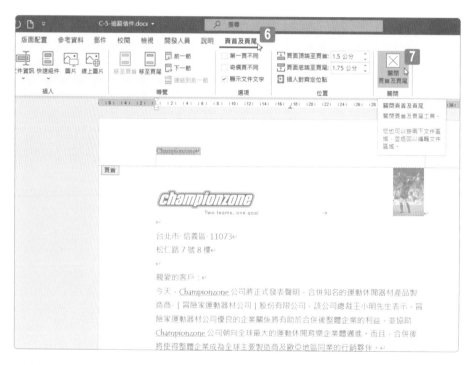

STEP06 點按〔頁首及頁尾〕索引標籤。

STEP07 點一下〔關閉〕群組中的〔關閉頁首及頁尾〕命令按鈕。

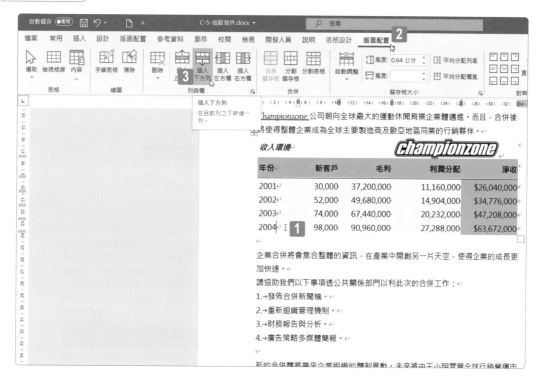

①　②　③　④

「收入環境」區段下的表格最底端再新增一列空白列。

評量領域：管理表格和清單
評量目標：修改表格
評量技能：調整表格內容，新增空白列

解題步驟

STEP01 將游標停駐在表格中最後一列的任一儲存格裡。

STEP02 點按表格的〔版面配置〕索引標籤。

STEP03 點按〔列與欄〕群組裡的〔插入下方列〕命令按鈕。

在「台北市信義區 11073」段落最後面插入註腳「郵遞區號改為六碼，需再確認」。

評量領域：建立和管理參照

評量目標：建立和管理參照元件

評量技能：插入註腳與章節附註

解題步驟

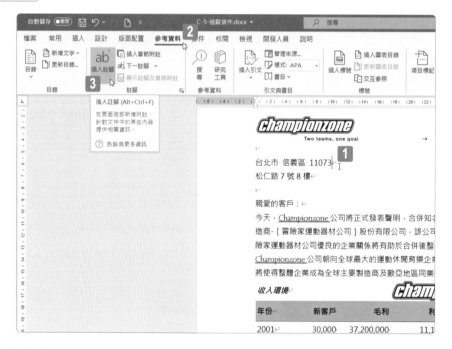

STEP01　將游標停在「11073」後方。

STEP02　點按〔參考資料〕索引標籤。

STEP03　點按〔註腳〕群組裡的〔插入註腳〕命令按鈕。

STEP04

頁面轉跳到畫面最下方的註腳 1，直接輸入「郵遞區號改為六碼，需再確認」。

專案 **6** 內部訓練通告

公司為配合單位文書處理軟體使用政策，舉辦排版作業之教育訓練，你要發出一則內部訓練通告給與所有員工，並且附上報名回條給大家填寫。

1   2   3   4   5

更改整份文件的邊界，左邊界及右邊界設定為「2.95公分」，將上邊界及下邊界設定為「2.4公分」。

評量領域：管理文件
評量目標：格式化文件
評量技能：設定文件頁面

解題步驟

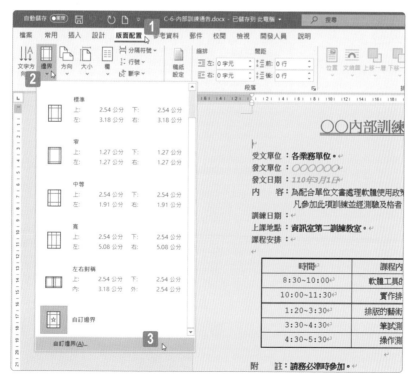

STEP**01**

開啟內部訓練通告檔案後，點選〔版面配置〕索引標籤。

STEP**02**

點按〔版面設定〕群組中的〔邊界〕命令按鈕。

STEP**03**

展開的邊界選單中選擇最下方的〔自訂邊界〕。

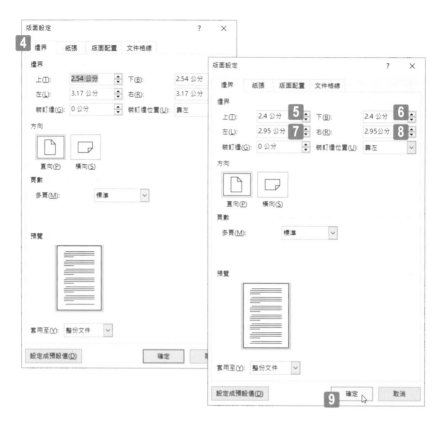

STEP**04** 開啟〔版面設定〕視窗，〔邊界〕索引標籤下更正〔邊界〕的設定值。

STEP**05** 〔上〕：「2.4 公分」。

STEP**06** 〔下〕：「2.4 公分」。

STEP**07** 〔左〕：「2.95 公分」。

STEP**08** 〔右〕：「2.95 公分」。

STEP**09** 點按〔確定〕按鈕。

| 1 | 2 | 3 | 4 | 5 |

檢查文件的協助工具，在檢查結果裡，使用第一項建議的糾正錯誤動作，表格樣式改為 [純表格 2]。

評量領域：管理文件

評量目標：檢查文件是否有問題

評量技能：檢查文件是否有協助工具問題

解題步驟

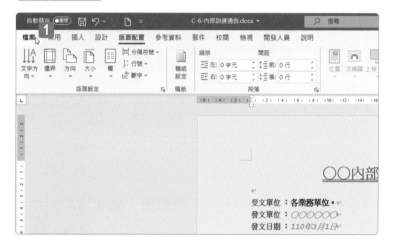

STEP**01**

點按〔檔案〕索引標籤。

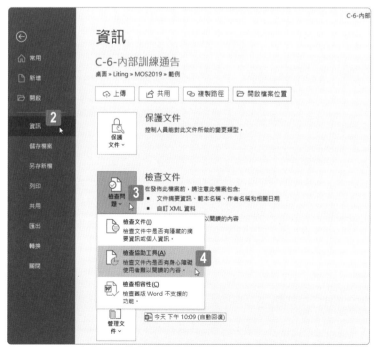

STEP**02**

點按〔資訊〕。

STEP**03**

點按〔檢查問題〕功能按鈕。

STEP**04**

在選單中點選〔檢查協助工具〕。

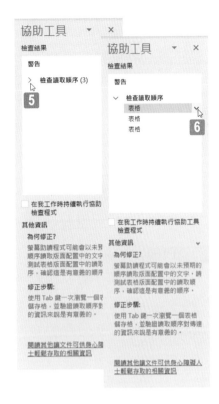

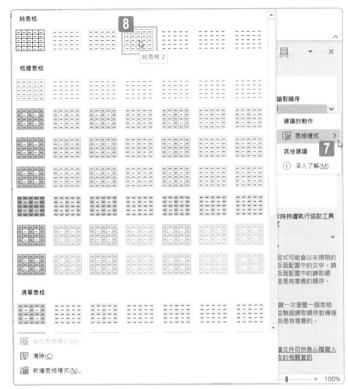

STEP05 在〔協助工具〕視窗的檢查結果中，展開第一項錯誤〔檢查讀取順序〕的警告。

STEP06 按一下第一個〔表格〕後方的箭頭開啟下拉式選單。

STEP07 在〔建議的動作〕下拉式選單中，點按〔表格樣式〕選項。

STEP08 在表格樣式選單中選擇〔純表格〕的〔純表格 2〕。

1 　 2 　 3 　 4 　 5

清除「附註：請務必準時參加。」段落的所有格式。

評量領域：插入與格式文字、段落和章節
評量目標：格式化文字和段落
評量技能：清除格式設定

解題步驟

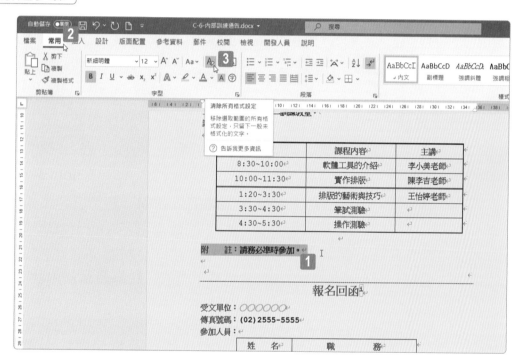

STEP01 將〔附註：請務必準時參加。〕整段文字選取起來。

STEP02 點按〔常用〕索引標籤。

STEP03 點按〔字型〕群組中的〔清除所有格式設定〕命令按鈕。

1 — 2 — 3 — 4 — 5

將文件中所有章節附註轉換為註腳。

評量領域：建立和管理參照
評量目標：建立和管理參照元件
評量技能：修改註腳與章節附註屬性

解題步驟

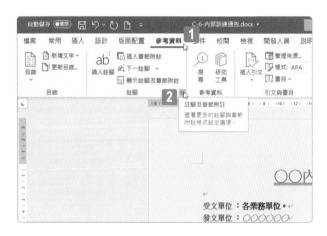

STEP01 點按〔參考資料〕索引標籤。

STEP02 選擇〔註腳〕群組中右下方的展開箭頭，開啟〔註腳及章節附註〕。

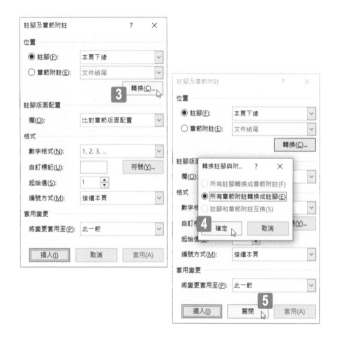

STEP03

在〔註腳及章節附註〕視窗中〔位置〕群組選擇〔轉換〕。

STEP04

選擇〔所有章節附註轉換成註腳〕，點按〔確定〕按鈕。

STEP05

點案〔關閉〕按鈕關閉視窗。

| 1 | 2 | 3 | 4 | 5 |

設定「參加人員」區段的表格，儲存格間距為「0.05 公分」。

評量領域：管理表格和清單
評量目標：修改表格
評量技能：設定儲存格邊界與間距

解題步驟

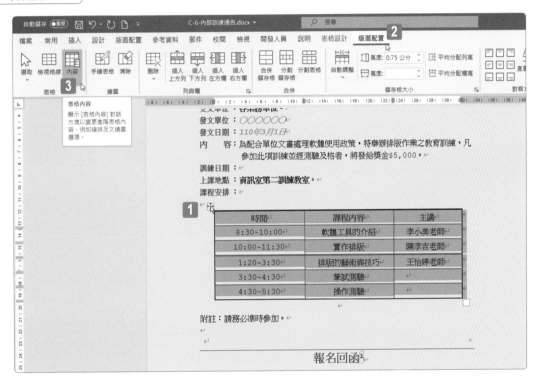

STEP01 單擊滑鼠左鍵一下，利用表格左上方的圖示將整個表格選取起來。

STEP02 點按表格的〔版面配置〕索引標籤。

STEP03 〔表格〕群組中點開〔內容〕命令按鈕。

STEP**04** 〔表格內容〕視窗中的〔表格〕索引標籤，點擊右下方的〔選項〕。

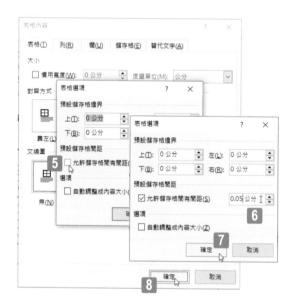

STEP**05** 〔表格選項〕視窗，〔預設儲存格間距〕標題下方，勾取〔允許儲存格間有間距〕核取方塊。

STEP**06** 將〔允許儲存格間有間距〕後方的間距更改為「0.05 公分」。

STEP**07** 〔表格選項〕視窗點按〔確定〕按鈕。

STEP**08** 〔表格內容〕視窗點按〔確定〕按鈕。

專案 **7**　座談會海報

配合資訊發散的時代，傳統的文書處理方式也逐漸被取代，為此舉辦了一場公文資訊化的講座，你正在為講座製作宣傳海報。

針對文件套用線條 (簡單) 樣式。

評量領域：管理文件
評量目標：格式化文件
評量技能：套用文件樣式集

解題步驟

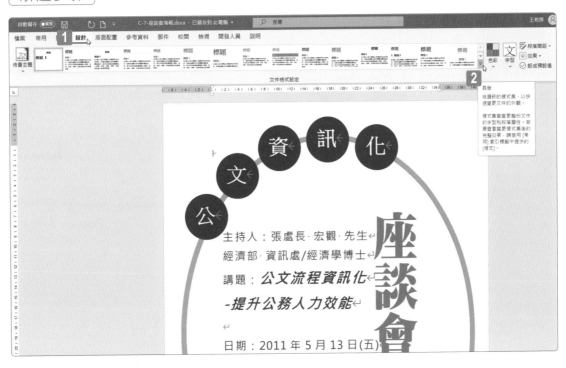

STEP**01**　開啟座談會海報文件後，點按〔設計〕索引標籤。

STEP**02**　點按〔文件格式設定〕群組中的〔其他〕選單按鈕。

^{STEP}**03** 點按〔內建〕群組中的〔線條 (簡單)〕。

設定頁面色彩為 [橙色 , 輔色 6, 較淺 80%]。

評量領域：管理文件

評量目標：格式化文件

評量技能：設定頁面背景元素

解題步驟

^{STEP}**01** 點按〔設計〕索引標籤。

^{STEP}**02** 選擇〔頁面背景〕群組裡的〔頁面色彩〕命令按鈕。

^{STEP}**03** 從展開的調色盤中選擇〔橙色 , 輔色 6, 較淺 80%〕。

將「日期」、「時間」、「地點」三個段落新增項目符號，並將這三個段落字型大小縮小一級。

評量領域：插入與格式文字、段落和章節

評量目標：格式化文字和段落

評量技能：變更字型大小

解題步驟

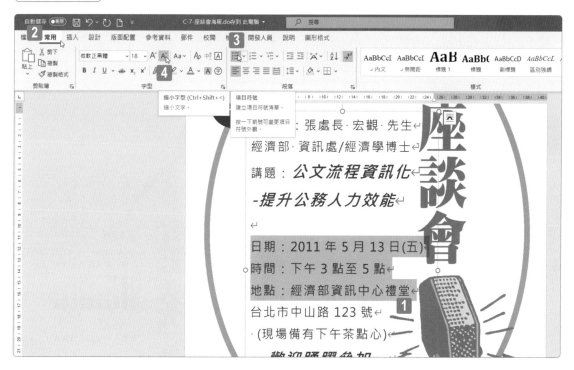

STEP01 將「日期」到「經濟部資訊中心禮堂」三個段落文字選取起來。

STEP02 點按〔常用〕索引標籤。

STEP03 選擇〔段落〕群組裡的〔項目符號〕命令按鈕。

STEP04 點按〔字型〕群組的〔縮小字型〕命令按鈕。

將「公文資訊化」五個圓形圖形填滿色彩更改為〔橙色，輔色 6〕。

評量領域：插入圖形元素並設定其格式

評量目標：設定圖形和文字方塊的格式

評量技能：格式化圖形元件

解題步驟

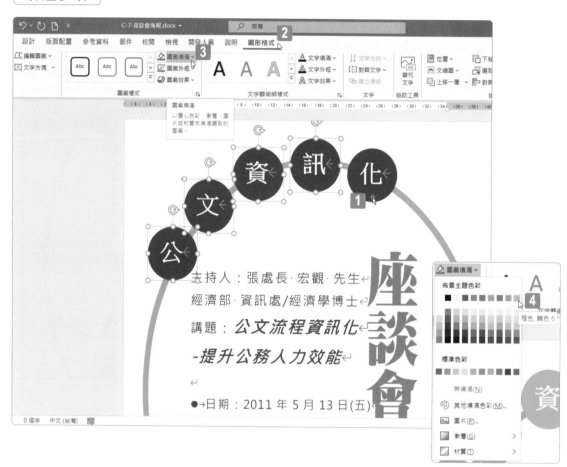

STEP01　將「公」、「文」、「資」、「訊」、「化」五個圓形圖案按著鍵盤上的 Ctrl 鍵不放依序選起來。

STEP02　點按〔圖形格式〕索引標籤。

STEP03　點按〔圖案樣式〕群組裡的〔圖案填滿〕命令按鈕。

STEP04　在〔佈景主題色彩〕的調色盤中選擇〔橙色，輔色 6〕。

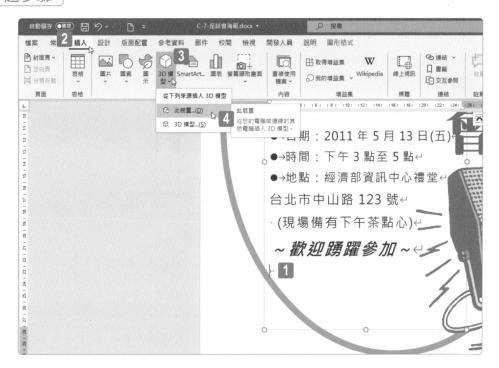

使用 3D 模型功能插入 [3D 物件] 資料夾中的麥克風模型,並設定與文字排列。

評量領域:插入圖形元素並設定其格式
評量目標:插入圖形及文字方塊
評量技能:插入並格式化 \3D 模型

解題步驟

STEP01 將游標停在文件末端的空白段落。

STEP02 點按〔插入〕索引標籤。

STEP03 點按〔圖例〕群組的〔3D 模型〕命令按鈕下半部的箭頭。

STEP04 〔從下列來源插入 3D 模型〕選擇〔此裝置〕。

STEP**05** 在〔插入 3D 模型〕視窗中的〔3D 物件〕資料夾裡找到檔案「麥克風 .3mf」檔案，並點擊〔插入〕按鈕進行 3D 圖片的匯入。

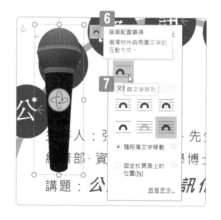

STEP**06** 點按 3D 圖型右上角的〔版面配置選項〕智慧標籤。

STEP**07** 點按與文字排列中〔與文字排列〕按鈕。

專案 **8**　視覺化專刊

你正在為主題為資訊視覺化的資訊刊物進行排版，希望可以配合主題，編撰符合大眾喜好又不失專業的刊物。

| 1 | 2 | 3 | 4 | 5 |

在文件第一頁以外的所有頁面套用回顧頁尾。

評量領域：管理文件
評量目標：格式化文件
評量技能：插入與編輯頁首和頁尾

解題步驟

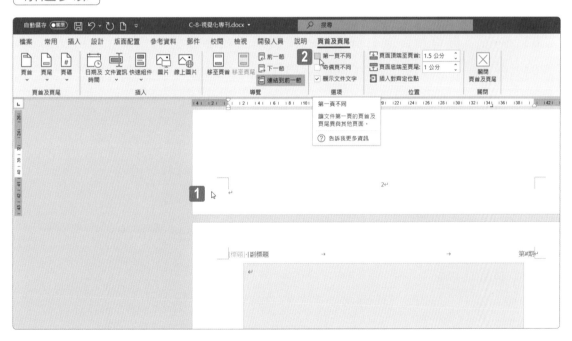

STEP01　到第二頁的頁面最底端，將游標停在頁面最下方邊界以外空白的地方，快速連擊滑鼠左鍵兩下，進入頁首頁尾編輯模式。

STEP02　將〔頁首及頁尾〕索引標籤裡〔選項〕群組中〔第一頁不同〕核取方塊打勾。

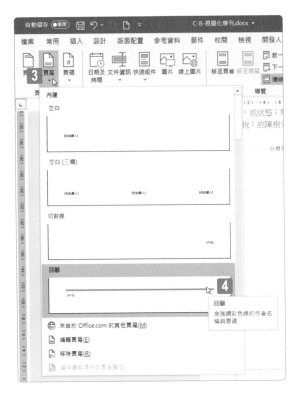

STEP03　點按〔頁首及頁尾〕群組中的〔頁尾〕命令按鈕。

STEP04　在選單中找到並點擊〔回顧〕頁尾。

| 1 | 2 | 3 | 4 | 5 |

在「TQM 圖表」前方插入接續本頁的分節符號。

評量領域：插入與格式文字、段落和章節
評量目標：建立和設定文件章節
評量技能：插入分頁、分節、分欄符號

解題步驟

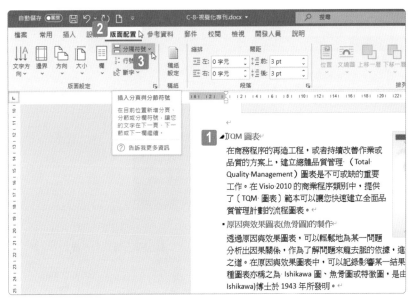

STEP01　將游標停駐在第三頁的〔TQM 圖表〕之前。

STEP02　點按〔版面配置〕索引標籤。

STEP03　點按〔版面設定〕群組中的〔分隔符號〕命令按鈕。

STEP04　點按選單中〔分節符號〕群組中的〔接續本頁〕。

將第三頁「TQM 圖表」開始到最後「對等主題」之間所有的內容分為兩相等欄並且添加分隔線。

評量領域：插入與格式文字、段落和章節
評量目標：建立和設定文件章節
評量技能：將文字格式設定為多欄

解題步驟

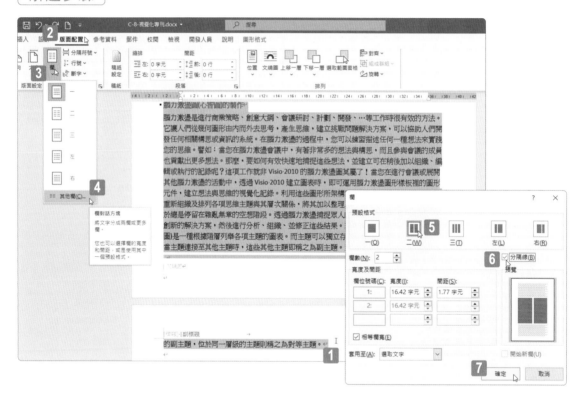

STEP01 將「TQM 圖表」開始到「對等主題。」選取起來。

STEP02 點按〔版面配置〕索引標籤。

STEP03 點按〔版面設定〕群組中的〔欄〕命令按鈕。

STEP04 在展開的欄選單中選擇〔其他欄〕。

STEP05 在〔欄〕視窗中的預設格式選擇〔二〕欄。

STEP06 勾取〔分隔線〕核取方塊。

STEP07 點按〔確定〕。

1 —— **2** —— **3** —— **4** —— **5**

將「第 106 期刊」文字方塊內的圖片設定 [紋理化] 美術效果。

評量領域：插入圖形元素並設定其格式

評量目標：設定圖形和文字方塊的格式

評量技能：套用美術效果

解題步驟

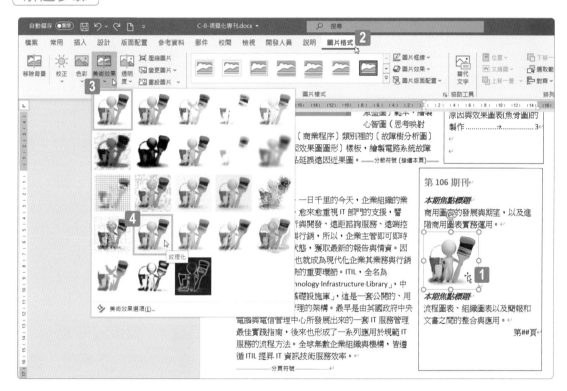

STEP01　移至第一頁的「第 106 期刊」文字方塊，選擇裡面的圖片。

STEP02　點按〔圖片格式〕索引標籤。

STEP03　點按〔調整〕群組中的〔美術效果〕命令按鈕。

STEP04　選擇〔紋理化〕美術效果。

對最後一頁文字方塊中的「«地址區塊»」功能變數套用 [鮮明參考] 樣式。

評量領域：插入與格式文字、段落和章節

評量目標：格式化文字和段落

評量技能：套用內建樣式至文字

解題步驟

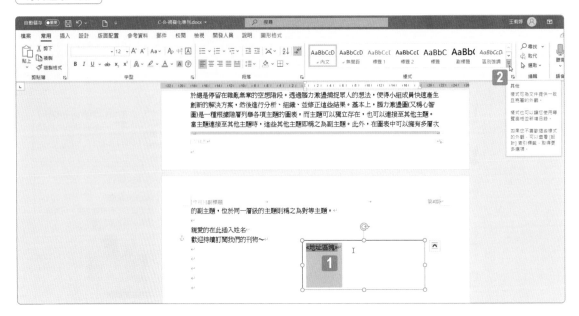

STEP01　移至文件最末端，將文字方塊內的「«地址區塊»」選取起來。

STEP02　點按〔常用〕索引標籤中〔樣式〕群組上〔其他〕的向下箭頭，將整個樣式清單展開。

STEP03　在展開的選單中點按〔鮮明參考〕樣式。

MOS 國際認證應考指南--Microsoft Word Associate｜Exam MO-100

作　　者：王仲麒 / 王莉婷
企劃編輯：郭季柔
文字編輯：詹祐甯
設計裝幀：張寶莉
發 行 人：廖文良

發 行 所：碁峰資訊股份有限公司
地　　址：台北市南港區三重路 66 號 7 樓之 6
電　　話：(02)2788-2408
傳　　真：(02)8192-4433
網　　站：www.gotop.com.tw
書　　號：AER057000
版　　次：2021 年 07 月初版
建議售價：NT$450

國家圖書館出版品預行編目資料

MOS 國際認證應考指南：Microsoft Word Associate Exam MO-
　　100 / 王仲麒, 王莉婷著. -- 初版. -- 臺北市：碁峰資訊, 2021.07
　　面；　公分
　　ISBN 978-986-502-867-1(平裝)
　　1.WORD(電腦程式)　2.考試認證
312.49W53　　　　　　　　　　　　　　　　　110008913

讀者服務

● 感謝您購買碁峰圖書，如果您對
本書的內容或表達上有不清楚的
地方或其他建議，請至碁峰網站：
「聯絡我們」\「圖書問題」留下
您所購買之書籍及問題。(請註明
購買書籍之書號及書名，以及問
題頁數，以便能儘快為您處理)
http://www.gotop.com.tw

● 售後服務僅限書籍本身內容，若
是軟、硬體問題，請您直接與軟、
硬體廠商聯絡。

● 若於購買書籍後發現有破損、缺
頁、裝訂錯誤之問題，請直接將書
寄回更換，並註明您的姓名、連絡
電話及地址，將有專人與您連絡
補寄商品。